服装表演概论

（第二版）

张　原　马丽侠　主编

东华大学出版社

·上海·

图书在版编目（ＣＩＰ）数据

服装表演概论 / 张原，马丽侠主编 . -- 2 版 .
上海：东华大学出版社，2025. 1. -- ISBN 978-7-5669-
2402-5

Ⅰ . TS942

中国国家版本馆 CIP 数据核字第 20240VW284 号

责任编辑：张力月
装帧设计：上海三联读者服务合作公司

服装表演概论（第二版）
FUZHUANG BIAOYAN GAILUN（DI ER BAN）

主　　编：张　原　马丽侠
出　　版：东华大学出版社（上海市延安西路1882号，邮政编码：200051）
网　　址：http://dhupress.dhu.edu.cn
天猫旗舰店：http://dhdx.tmall.edu.cn
营销中心：021-62193056　62373056　62379558
印　　刷：苏州工业园区美柯乐制版印务有限公司
开　　本：899mm×1194mm　1/16
印　　张：12.25
字　　数：299千字
版　　次：2025年1月第2版
印　　次：2025年1月第1次印刷
书　　号：ISBN 978-7-5669-2402-5
定　　价：88.00元

前　言

　　1979年3月，法国时装设计大师皮尔·卡丹先生在北京民族文化宫举办了一场全外籍模特参与表演的时装发布会，这是新中国第一场时装表演，让国人了解认识了服装表演的概念。从"模特"正式进入中国百姓词典时开始，伴随着中国经济的飞速发展以及时尚产业的不断升级，服装表演行业愈发凸显出专业化与多元性的特征，与其他时尚领域的联动发展，促使服装表演行业已不再单纯地作为服装展示的单一载体出现，更多地体现出艺术性、文化性以及社会性，并逐步形成了较为完整的产业链。当代服装表演艺术的发展，是中国服饰文化繁荣发展的重要环节，也是中国时尚文化崛起的重要组成部分。中国服装表演从业者也在40多年不断探索和尝试中，走出了一条符合中国国情特色的产业之路，从最初依附在服装行业中的表演者，逐步向各个领域多元化发展渗透，成为引领时尚潮流，传递品牌价值的传播者。与此同时，国内各大高校也纷纷将自身的教学特色与服装表演行业相结合，创办出了各具自身特色的服装表演专业。经过多年的发展，在服装表演专业的创设、服装模特的培养以及服装表演教学等方面积累了丰富的经验，并取得了一定成绩。

　　中国服装表演业起步虽晚，但发展非常迅速，令世界瞩目。从中国模特最初单打独斗去海外闯荡，到后来组团征战国际T台，再到今天各家经纪公司集体输送中国模特新面孔走出国门。新时代背景下的服装表演从业者，在具备扎实的基本功和专业的表演技巧之外，还需具备适应专业发展、时代需要的较强综合素质和能力。作为一门综合性学科，服装表演既是艺术又是科学，它涵盖了多种元素，在全球一体化的大背景下更显示出其独特的行业魅力。

　　本书的编著者已从事服装表演相关教学工作三十年，有着丰富的教学和实践经验。结合服装表演的专业特点、性质、行业的需求以及多年的知识积累编著了这本教材。这是一本具有较强的实用性和可操作性的书。由浅入深、由理论到实践，从体系、内容、观点到选材，均以强调知识性、系统性为前提，介绍了服装表演的发展、服装模特的训练、服装表演的氛围设计、组织策划、传播推广、经纪管理和人才培养等方面的知识。此书可作为高校服装表演专业、服装与服饰设计专业、形象设计专业的教材，也可成为相关从业人员的有益读物。

　　本书由多所高校从事服装表演专业的教师联合编写。参与本书编写的人员有张原、马丽侠、胡文哲、武思雨、索晓凡、李晖、熊文静、曹红锐、王佳、周雪儿、米平平、郎琅。全书由张原教授策划、统稿、修改。

　　本书在编写过程中，得到中国纺织服装教育学会、东华大学出版社领导和编辑的大力支持及作者所在单位领导和同事的支持与帮助，在此一并表示衷心的感谢。由于编者水平有限，难免有疏漏、不妥之处，敬请读者不吝指教。

（二）通婚

当时时装还没有形成一种行业，但皇室及贵族家庭都拥有自己的裁缝，家族间的通婚则带来不同风格和样式的服装交融，他们甚至会带去自己的裁缝。如此一来，不同国家、地区和家族的服装相互影响，实现了传播的功能。

（三）法令

宫廷或王室往往会颁布一些关于着装的法规和法令来规定和约束人们的着装行为，从而达到等级森严的统治目的。这从侧面，促成了服装的传播。

（四）玩偶

中世纪，由于旅游业尚不发达，欧洲宫廷内的具有魅力的时装不易于在各国传播，于是便出现了一种新的传播时装的方式——时装玩偶（图1-2）。

二、"时装玩偶"与"时装玩偶表演"

服装表演以人为依托，通过舞台展示服装效果，运用各种手段渲染表演效果，营造表演气氛，以达到体现服装风格、展现服装表演主题的目的，并通过这些手法，将表演内容展示给

图1-2 时尚玩偶

观众。服装表演起源的时间可以追溯到600多年前，那时的女性已找到了一个能够获得时装信息的方法，就是利用时装玩偶展示服装。这一方法能使人们看到已穿戴好的服装和装饰，包括发型和整体效果。

"模特"（Model）一词最早起源于欧洲，意思是模型、典型或模范的样式。第一个具有时尚意义的"时装玩偶"出现于14世纪的法国。1391年，法国查理六世的妻子伊莎贝拉皇后模仿真人的动作制作了穿上宫廷服装的无生命玩偶，她把这个仿人大小、穿上最时髦的法国宫廷时装的玩偶送给英格兰国王理查德二世的夫人安妮王后。5年后，法国宫廷又送给英国女王一个"时装玩偶"，它身穿按女王身材制作的法国宫廷时装，以表示对女王的尊敬。从此，这种"时装玩偶"在法国从路易十四至路易十六世代相传，一直是宫廷之间馈赠的珍品，并逐渐在欧洲上流社会流行（图1-3）。

这种玩偶与我们常见的静态展示的人体模特极为相近，又因为它们常身着当时最为流行的衣饰，所以人们将它称为"时装玩偶"（Fashion Doll）。时装玩偶也被称为"模特玩偶"（Model Doll），这就是时装模特的雏形。

这种制作精美的玩偶，引起了皇室成员及上流社会的极大好奇，制作和赠送时装玩偶成为流行于各国宫廷间交际的礼仪风俗，贵族阶层的人们竞相模仿。人们对服饰美的追求是那样的势不可挡，即使是战争也阻挡不了玩偶模特们传播美的脚步，在14—15世纪长达百年的英法战争期间，英国关闭了海关，然而只有服饰的信使——从巴黎运来的巨大的石膏服装模型被获准进关。之后，这种喜好逐渐传播到民众中，成为一种广泛的爱好。在以马车作为交通工具的年代，这种时装玩偶被运送到俄国圣彼得堡，由此可见它在当时社会中的重要地位。

时装玩偶是从宫廷之间的交流和友好往来起步的，后来，时装玩偶逐渐发展成为交流服装信息的工具。威尼斯每年都要从法国进口这种时装玩偶模型，并在复活节那天将玩偶模型陈列在圣马可广场，这一举动吸引了成千上万的观众，人们除了惊叹玩偶的美丽，更被其美丽的服饰所吸引，一种普遍的时装之美感染了观众，或者说人们正是在这时初次体验到了流行的冲击，流行

图1-3　时装玩偶

复归、吸引并影响大众，这种来自法国的时装玩偶，渐渐成为重要的服饰推广媒介。

18世纪，路易十六的王后玛丽·安东尼特的服装设计师罗丝·贝尔廷（Rose Bertin）女士为了在欧洲广泛宣传自己的作品以争取订单，把笨重的时装玩偶按比例缩小，发往欧洲各国的首都。因为小型的时装玩偶运送便捷，所以流传范围很广，罗丝·贝尔廷也因此获得了"时装大师"的称号。此后，服装设计师和成衣制造商们便把这种小型时装玩偶派送给潜在的客户，向其传递新款时装信息，以起到促销的作用。

1896年初，英国伦敦举办了首次玩偶时装表演，演出圆满成功，在时装界引起了极大轰动。很快，时装玩偶漂洋过海。创办于1892年12月的美国《时装》杂志社，于1896年3月在纽约的雪莱大舞厅举办了为期3天的玩偶时装表演。此次演出为义演，展示了由纽约服装设计师提供的150多款服装，1000余人观看了演出，其中有很多位社会名流和相关媒体人士。演出的成功对提高当时美国的时装业水平起到了积极的推动作用。

然而，人类对于服饰美的展示演出却未就此停步，在时装玩偶推广服饰的过程中曾出现过活动的人偶表演。这些用纸板仿造人体糊制而成的"娃娃"上面安置了便于手工操作的装置，可以通过拉扯一根线让它们露出表情或跳舞。服装设计师们让这些娃娃穿上最新款式的服装，佩戴了珠宝首饰，向人们展示演出。这样的人偶表演

携带着服饰的信息，以动感的形式传播着流行。不容忽视的动感之美牵动了人们对服饰美的认知，这也预示着时装展示必将走向动态——活动的真人将成为最重要的服饰展示媒介。

三、真人模特的出现

人们对服饰美的追求促使服装流行信息的交流成为必然，玩偶模型带来了交流的契机，时装玩偶虽然比传统的衣架更能展示出服装的立体特色，但它毕竟缺乏真人表现力。而随后的人偶表演为这种交流展现出了新的方式，当人们发现活动的服饰具有的魅力后，不免产生一种更高的诉求——希望看见更为真实的服饰展示。终于19世纪中叶在法国出现了用真人展示服装的活动。活动的人体取代了无生命的人偶，服装展表演业的新时代也由此到来了。

玛丽·弗内·沃斯（Marry Vernet Worth），是服装史上第一位女模特，这位英国美女容貌姣好，体态轻盈。她从一位平凡的服装店员变成众人瞩目的服装天使有赖于另一位服装史中的传奇人物——开创法国高级女装业的英国设计师——查理·沃斯（Charies Frederick Worth，图1-4）。

1845年，沃斯迁往巴黎，并在盖奇林＆奥皮格（Gagelin & Opigze）商店找到一份工作。该商店以经营丝绸和开司米披肩著称，沃斯承担各种衣料、披肩、斗篷的销售助理工作。1845年的一个平常的日子，设计师沃斯推出了一款新颖的披肩，他让年轻漂亮的女店员玛丽披着披肩在店里来回走动，与此同时，沃斯还不住地向店内的顾客介绍："如果女士披上该是多么漂亮。"玛丽美丽的身姿吸引了众多顾客，他们争相购买，披肩被抢购一空。玛丽因此成为世界上第一位真人服装模特（图1-5），沃斯也被奉为服装表演业的开山鼻祖。

图1-4 查理·沃斯

图1-5 玛丽·弗内·沃斯

CHARIES FREDERICK WORTH

·服装表演概论·

第二节　服装表演的发展轨迹

一、服装表演形式的形成

沃斯貌似偶然的创意其实蕴含着非常现实的商业动机，当精明的服装商人发现真人模特所带来的巨大影响时，没有什么可以阻挡他们选择这个更具商业价值的媒介。于是，活动的人体取代了无生命的人偶，服装展演业的新时代也由此到来了。

（一）第一支服装表演队

经过一段时间的接触，沃斯和玛丽建立了恋爱关系，后来玛丽成了沃斯夫人。采用真人着装表演的实验成果，大大鼓舞了沃斯，坚定了他继续开拓的信心。从1851年开始，沃斯为玛丽设计了许多服装，玛丽亲自穿上它们并向顾客作展示。这种真人展示形式受到顾客欢迎，满足了顾客的需求，因此赢得了大批顾客。

1858年，沃斯离开了盖奇林&奥皮格商店，与瑞典衣料商奥托·鲍伯格合伙在巴黎的和平大街7号开设了"沃斯时装店"，这是世界上第一家高级时装店。随着时装店的发展，已经成为沃斯夫人的玛丽在这里再一次向顾客们展示了沃斯设计制作的服装，这种生动新颖的展示形式吸引了大批顾客。随着经营规模的不断扩大，玛丽已经无法独自完成多种款式的服装表演。沃斯雇用了更多年轻貌美的女士，并将原来的布料采购间改成模特的工作间。在玛丽的带领下，这些美丽动人的天使们不断地将新颖的服饰展示给顾客，华美的服饰、动人的风姿为沃斯带来了更高的声誉和利润。沃斯把那些女孩称作"模特"，而在这之前，"模特"仅仅指静止不动的时装玩偶或固守的人台模型。这些女孩专门从事服装表演工作，在这种商业催化下，世界上第一支服装表演队形成了（图1-6）。

图1-6　第一支服装表演队

（二）模特巡演

第一支服装表演队出现后，其他服装店争相效仿，纷纷成立了自己的服装表演队，把新款服装穿在真人模特身上展示出来。久而久之，这种宣传形式被广大民众接受，这种利用漂亮真人模特展演的方式备受上流社会贵族人士的青睐。1905年，欧洲已有大量的服装店定期为顾客举办服装展示会，以此来介绍各自当季的款式。值得一提的是，这种展示往往会带来一种广泛的社会流行，其中，黑色长袖立领紧身女装的展示就引起了一种流行，正因为这种服装带来了一种端庄、妩媚、标准化的形式美感，所以那些穿着此服装的表演者被称为"酷似别人的人"，之后改为了"模特小姐"，这种先知者的形象为时装模特带来了更高的身价。无形中，她们成为时尚的倡导者和流行先锋。

与此同时，服装表演展示也已跃出了原有的地域局限，巴黎的高级服装设计师保罗·波列曾率领服装表演队到欧洲各地作巡回展演，这无疑加快了服装流行的脚步，服饰信息传播的天地更加广阔了。保罗·波列（Paul Poired）出生于1879年，于1904年开设了自己的服装店。他曾带领模特到欧洲各国展示自己设计的服装，据说当他带领9名模特到达俄罗斯时，引起了极大的轰动，人们纷纷争相目睹模特的风采。

模特巡演在20世纪初是一种新型的演出形式，由设计师派专人组织带领旗下的模特去各地进行演出。设计师所设计出来的服饰如果不进行各地展演、宣传，可能会面临局限性这一缺点。在通信还不发达的时代，要想更好地宣传产品，模特巡演是最好的方式。通过模特向各个阶层、各个民族、各个地区的人进行服饰展示，将设计师的设计思路、设计理念传达给大众。那个时期，虽然已经有很多服装设计师开始使用服装表演这种形式来展示自己所设计的服装，但此时的服装表演还没有音乐和灯光来渲染氛围，只是简单地由模特试穿服装进行展示。

（三）大型公开发布会

随着服装产业的发展，产品的宣传显得尤为重要，服装表演在欧洲已经具有一定的影响力，此时的消费者也不再满足于简单平淡的商业性展演，他们希望看到更有趣味、更华丽、更完整的服装表演。于是，服装表演中渐渐地加入了一些具有欣赏性的细节，因而服装表演的观赏性被大大加强了。1908年，伦敦汉诺佛广场上的达夫·戈登妇女商店举办了一场别开生面的女士套装展示，展示中的模特被要求以一定顺序排列出场，模特们的展示空间被扩大了，演出还辅以音乐伴奏，一种以特定场地进行表演的新的服装展示形式开始出现。

随着商业竞争的加剧，商品宣传的增加，必然促进模特表演业的发展，其明显表现在：演出规模由小变大；朴素简单平淡的商业展示添加了舞台表现性元素，逐渐成为带有审美特质的具有欣赏性的商业活动。1908年12月，英国伦敦查伊斯商店举办了大型的时装表演，法国普瓦雷·帕坎等几家商店先后举办大型豪华的时装表演，效果都非常好。这些表演不仅场面宏大、豪华，而且被从平地搬到大厅中的大型平台，并有乐队现场演奏。由此，时装表演彻底走出了原来拥挤的店面。宽敞、华美的舞台为时装表演提供了更多契机，它正式成为一种具有艺术性的表演形式。此后，为了实现商业宣传，服装表演的场面开始变得极为奢华。组织者开始利用大型表演平台进行服装表演，并在表演的平台上布置了名贵的绿色观赏植物，服装模特在台上进行展示，台下观众云集，场面壮观。

真正意义上的大型服饰公开展示出现在1914年8月18日，美国芝加哥服装生产协会主办了一场盛况空前的服装表演，被誉为"世界上最大型的款式表演"。参加这次表演的约有5000人，由百名女模特展示了250套服装。此次演出舞台巨大，达到了650平方米，这在当时是前所未有的。不仅如此，演出首次运用了一种可以延展到观众面前的跑道式伸展舞台，这就是我们现在常见的T型台的雏形。这一举动使得观众更加贴近服装，当百名模特交替出现时，观众们感受到了前所未有的视觉冲击。演出舞台的创新使观众更加接近服装，从而清楚地看到服装的款式及细节。此外，模特展示时采用了很慢的节奏，每一位模特有1分20秒的时间走到舞台的前面展示所穿的服装。这次演出还被拍成了电影，在美国各地巡回上映，极其轰动。此次演出显示了美国服装行业的实力，也大大加快了模特业的发展步伐，带动了模特业的繁荣。

（四）电影作为背景的服装表演

直到1917年2月5日，芝加哥湖滨大剧院举办了一场名为"时装发源地"的时装表演，才让人们更加震惊地感受到服装表演的魅力，这是一次具有历史意义的商业性服装表演。这次服装表演依旧由芝加哥服装生产协会主办。为什么此次表演值得一提呢？因为这场演出首次采用了从"放映电影胶片"作为舞台背景的方式。其第一幕的主题是"1917的晨光"，开幕时的背景影片是雪景的图像，之后变成漂亮女性的图像。而这一利用电影银幕做服装表演背景的形式，直到20世纪60年代才被广泛运用推广（图1-7）。

20世纪20年代，服装表演已经发展成为一种被人们认可的专业舞台表演形式了。它可以将服装新品推介给新闻界、商家和顾客，成为展示时尚、展示服装内涵的一个重要媒介。服装表演已成为时装业不可忽视的内容，它敏感而迅速地反映着时尚审美的变化，这无疑也影响着整个时装业的发展进程。

二、服装表演的繁荣期

现代时装表演起源于19世纪，时装表演由一次偶然的促销行为逐渐发展为相对独立的行业。20世纪上半叶，科学技术的进步带来了艺术思潮和审美观念的革新，时装表演具有了一些固定的表演队伍和相对稳定的观众群，已日趋成熟，音乐、T台、背景、模特采编等现代时装表演中的常见要素已基本成型，服装表演业开始繁荣起来。

（一）第一家模特经纪公司的成立

服装表演架起了服装设计者与消费者之间的桥梁，而时装模特则是时装表演的重要承载者，因此，时装模特的意义就显得尤为重要。20世纪20年代初，服装表演的形式虽然已经被人们接受，但模特这一职业并未成形，那时参与表演的模特大多数是五官娇美、身材匀称的商店售货员、歌舞女郎或兼职演员。由静而动的服装表演

开始向人们展现出不可遏止的生命力，它的商业意义抢占了服装设计制造者的视野。随着科学技术的进步、艺术思潮和审美观的革新，为了更加充分地向消费者传递设计师的作品魅力，对模特本身的身形五官等形象要素提出了更高的要求。设计师让·巴杜与美国VOGUE杂志合作招聘了6名文化素养及形象气质俱佳的女性成为专职模特进行服装表演，使模特工作的商业价值更加显示出意义。从此，模特的招聘提高了标准，模特成为新兴的时尚行业里的一种职业，众多拥有美丽身姿的姑娘渴望进入这个充满机遇的行业，陆续有社交明星和著名女演员以服装模特的身份参加服装表演，这不仅提升了模特的社会地位，还促进了服装表演水平的提升，更无形地昭示了服装表演业辉煌的前景。

1923年，美国纽约诞生了世界上第一家模特经纪公司——JRP模特经纪公司。该公司由约翰·罗伯特·鲍尔斯（John Robert Powers）创

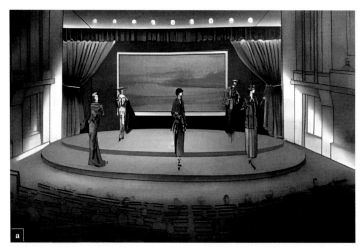

图1-7 以电影为背景的服装表演

建。鲍尔斯（图1-8）原本是一名演员，最初他利用自己的职业关系拉一些女演员前来捧场，产生了很好的效果。模特公司招聘了很多具有明星潜质的年轻女性成为模特，公司负责模特的培训、管理与经纪代理工作。模特经纪公司的出现使模特的社会地位、职业认可度逐渐提高，模特不再依附于服装工作室，而成为独立的专门的行业角色，并且逐渐迈向专业化道路。美国的百货商店和零售商会定期举办时装秀，聘请模特公司的模特进行服装展示。

1926年，法国著名设计师让·帕杜（Jean Patou）从美国带回了6位姑娘。这些来自北美的姑娘个个天生丽质，现代都市气息在她们身上闪动，少了传统意念的负担。与同台演出的

图1-8　约翰·罗伯特·鲍尔斯

图1-9　男女同台的服装表演

法国姑娘相比，这些姑娘多了一份洒脱奔放。这样活力四射的表演为保守的欧洲带来了新鲜的空气，它深深打动了观众，人们由此更深刻地认识了服装表演的价值。

20世纪20年代末期，陆续出现了其他的模特经纪代理公司和一些专门从事服装表演制作的职业制作人及公司，此时服装表演有了初级的编排形式。简·帕昆在服装作品展示中，首次运用了全体模特在演出结束后进行集体亮相谢幕的形式，这种终场谢幕的模式至今在服装表演中流行。这一时期，纽约的埃莉诺·兰伯特（Eleaner Hambert）女士，首创了一年一度的"COTY"全美时装评论家奖和一年两度的专门为报刊编辑们举办的新闻发布周。她还与杰出的时装编导合作，策划完成了许多轰动一时的服装表演。这种社会评论形式和模特代理制作的诞生，毫无疑问对整个服装表演行业和模特业的发展起到了重要的推动作用。

（二）男性模特走上舞台

时装表演的魅力已经征服了众多观众。在20世纪30年代之前，这个时期的服装表演还残留着浓郁的沙龙风格，强烈的贵族气息萦绕其中，此时的模特多是传统化的古典美人。但时装业的商业化发展扩大了对服装产品的宣传需求，于是新需求带来的突破蓄势待发。

相对男装而言，女装因其丰富多样的变化一直占据着主要的时尚位置。男装在19世纪法国大革命和产业运动的影响下，逐步形成了典型模式，无论是色彩还是款式，其表现形式都已趋于固定。因而在1937年前，整个服装表演业中除了少数为男性服装购买者专设的商业展销外，几乎从未出现过独立的男装表演。

1937年，美国的伊丽莎白·哈惠斯（Elizabeth Hawes）提出了一个大胆的想法——在巴黎举办设计作品展示中首次引入男装表演，这开创了男女模特同台演出的历史。在此之前，男装表演几乎没有独立出现过，尽管这次表演中的男装也完全处于附属地位，男装和男模特的表演仅仅作为女装和女模特们的陪衬出现，但即便如此，这种男女模特同台演出的形式为时装表演业走向新的旅程作出了创造性的铺垫。当代男女同台的服装表演已经成为时尚舞台的常规（图1-9）。

（三）模特经纪管理的规范化

随着现代商业广告的发展，模特这一行业越来越热，并且开始充分的专业化。最早的模特经纪公司JRP模特经纪公司旗下的模特哈里·康诺弗（Harry Conover）在百万富翁享廷顿·哈特福德（Huntington Hartfort）的支持下创立了自己的模特机构，并实行了担保人制度——给模特固定收入，演出酬金另算。这一做法使得原本无序的酬金支付变得有序且商业化，使得模特这一职业更加稳定。

1946年，模特界"教母"艾琳·福特（Eileen Ford）与其丈夫杰里·福特（Jerry Ford）共同创建了福特模特公司。公司为自己代理的模特提供前所未有的服务：接洽模特业务工作，保证模特薪酬进账，为模特提供化妆建议，帮模特争取面试试衣的酬劳、平面广告的后续分成，甚至还为模特制定了职业规划。福特公司的早期模特，几乎占尽了20世纪40—50年代各大时尚杂志的封面。公司签约过的模特有上千位，签订了100万美元的模特合同。公司引领了时尚界挑选模特的流行趋势，如略宽的眼间距、突出的颧骨，这也成为20世纪后半叶行业内的普遍挑选准则。公司制定了一系列相对完整的模特从业、经纪代理的计价管理规则，从此，模特经纪管理开始走入正规化（图1-10）。

模特公司的出现和模特经纪管理规范化在一定程度上对服装表演起着极大的推动作用，促进了服装表演行业的发展。很多模特成功引导时尚，被人们所熟知甚至是追捧。究其原因，不仅仅是他们拥有完美的身形，更重要的是幕后有专业的经纪人团队在为其推广。

（四）戏剧化服装表演形式的出现

服装表演的发展，对服装设计起到了极大的推动作用，许多世界级服装大师的成名之作，都是通过服装表演首次发布。1947年，克里斯汀·迪奥（Christian Dior）以发布会的形式推出A型、Y型、H型、郁金香型、纺锤型等各种时装样式，一时轰动欧美（图1-11）。服装表演对各国设计人才的发现和产品名牌效应，起到了不可估量的作用。

20世纪下半叶，新的思潮和生活方式不断出现于人们的生活中，萨特存在主义哲学的兴起和西方信仰危机的出现使得反主流的文化运动蔚然成风，如嬉皮士、青年运动、披头士以及现代派戏剧等西方现代文化现象的出现也影响了整个社会的审美，这自然也使得包括服装表演在内的艺术表现都发生了突破性的变革。

图1-10　艾琳·福特与模特

图1-11　克里斯汀·迪奥及其设计作品

图1-12 玛丽·匡特

图1-13 崔姬

20世纪60年代，英国设计师玛丽·匡特（Mary Quant）走在了时代发展的前沿。她在服装表演中首次采用了情景式表演形式，演出的场地、道具等方面都有了新的突破。"在这之前没有人看到过这种表演，也没有一个人在伦敦或任何地方采用过这种表演，人们只是听到这样说：模特的示范学校已经达到了标准。这是一次从来未有的最古怪表演……也是好玩的。"玛丽·匡特如是说（图1-12）。

伴随着爵士乐，模特们从店内二楼的一间小阳台跳着舞步，沿着楼梯而下，一直走到观众面前。隐蔽的吹风机把模特们身上穿着的服装吹得摆动起来，模特的表演活力四射、动感十足。在另一表演场景中，模特则穿着夹克和灯笼裤，手里拿着一支猎枪，枪上挑着一只野鸡，生动地再现了打猎的情景。而在晚礼服展示环节，模特们则端着大大的香槟酒杯，伴随着音乐，迈着优雅的步子款款而来。

这一时期，时装表演用戏剧性和场景性来诠释某种特定的文化特征，模特开始以舞蹈和运动代替传统的行走；音乐作为重要的表现因素贯穿全场；整个演出过程，取消了以往流行的评论和解说，使观众与演出感受到一种"离间效果"的新体验。另外，由于电影的盛行，舞台背景的设计越来越丰富，模特们的表演被摄像机记录下来，电影成为更广泛的宣传载体。

（五）超级模特的催生

20世纪60年代，模特界出现了第一位具有国际影响力的超级模特——崔姬。崔姬是20世纪60—70年代最为走红的模特，也是第一个超级名模。崔姬是一位具备服装动态展示、服饰影像拍摄等各类综合展演技能的模特。她在时尚界享有极大的知名度，并且拥有高薪。除了享有优厚的薪水，她还经常被国际知名的时尚杂志报道和关注。崔姬拥有男孩子般的外貌，一头短发却时常身着迷你裙装。她浓密的假睫毛、立体的眼影、消瘦的身形在时尚的世界里风靡一时，并成为一种流行——这种流行就是特定的"崔姬风貌"。崔姬带来与以往截然不同的审美观，她被媒体塑造成一个反叛的形象，她自由、野性的形象风格成为家庭主妇的模仿范式（图1-13）。

1972年，世界上最大的模特经纪公司——ELITE公司在法国巴黎宣告成立。ELITE公司的成立推动了模特界超级明星的诞生，也改变了以往金发美女在服装表演中"一统天下"的局面。ELITE公司现在是一家超大规模的跨国模特经纪机构，旗下的成员大多来自东欧国家。公司共拥有数千位分布在全球超过50个国家的签约模特，其大力拓展模特经纪业务，集团的实力和国际影响力波及世界各个角落，打造了无数个世界超级名模。

20世纪70年代，朋克风带来了一批充满野性的模特，他们有着苍白的脸色、漂白染色的头发和夸张的黑眼睛。同时，户外运动的风潮使那些皮肤晒得黝黑、健康的金发女郎也出尽风头。

20世纪80年代，由于经济的复苏，时装秀成为一项重大的时尚活动。此时专业化的小型时装店增多，一些商店逐渐开始经营自家的特色商品。除此之外，80年代还诞生了辛迪·克劳馥、克劳迪娅·希弗、琳达等一批名噪一时的超级名模，他们的名气、地位和收入直逼好莱坞的大牌明星，甚至他们的生活、感情、兴趣等也深受人们的关注（图1-14、图1-15）。此时，超级名模的地位得到了前所未有的提升。

（六）多元化服装表演形式的形成

20世纪90年代，返璞归真的审美时尚卷土重来。在表演上，模特开始像平日散步般轻松地行走。在音响和灯光的创新方面，幻灯、电影、录像等多媒体手段的运用，为服装表演增加了新的内容。至此，服装表演已经不再是单纯的服装展示，而是发展成为一种综合性的演出形式。

进入21世纪，科学技术的发展为人类创造出更美好的生活，新的生活理念必然会引起艺术审美观念的变化，这为新世纪的时装表演业带来新的发展和机遇。舞台、音响、化妆、效果、氛围都进入了一个崭新阶段，有了完整的策划和运作形式，这一行业得到更加迅速的发展。服装表演艺术的形式日趋多元化，程式化的表演、戏剧化的表演、探索式的表演、主题性的表演等多种形式并存，服装表演丰富了人们多彩的生活，成为流行时尚的代名词。由此可见，从模特的出现到服装表演的发展，服装表演的根本目的是展示服装、传播服装信息、促进销售，同时也传播着服饰文化，是沟通服装设计师、厂家与大众的桥梁，被称为美丽的纽带。

图1-14　辛迪·克劳馥

图1-15　克劳迪娅·希弗

第三节　中国服装表演的发展历程

一、20世纪30年代早期的服装表演

　　服装表演在中国最早出现于纺织工业发达的上海。据记载，1918年上海南京路上著名的四大百货公司之一的永安公司，在其办公楼的中央大厅搭建舞台，举办服装表演会，目的是扩大商品的销量。1928年，著名画家叶浅予先生组织了一场时装博览会。当时，他在"云裳"时装公司任时装设计师，一家英国纺织印花布行找到他，请他为他们办一次时装展览。叶先生除了设计服装、编印样本，还邀请了几位舞女当临时模特，在南京路一家著名的外商惠罗百货公司楼上办起了时装展览会，这次活动便是我国时装表演的雏形。

　　1930年10月，上海美亚织绸厂用本厂出品的丝绸，请鸿翔公司设计，制作了24套时装，聘请多位中外女模特，策划了一台大型服装表演，并称之为"国货时装表演"。此次演出盛况空前，观众达2000余人。美亚织绸厂针对市场上的洋装，借建厂10周年纪念之机在上海大华饭店举行演出，展演的服装所用面料以本厂生产的丝绸为主，会上还为来宾放映了自拍电影《中华丝绸》，不少政界、商界要人前往参加，被邀

请的明星穿着新奇样式的服装在展厅中依次登台亮相（图1-16）。由于这一活动尚属国内首创，《申报》作了连续3天的报导，在上海滩引起轰动。到1934年，上海美亚织绸厂已经拥有22位时装模特。上海美亚织绸厂的总经理、清华学堂留美归来的蔡声白，不但经常组织模特营销表演，还将其拍成电影，远赴东南亚推销宣传。

　　1934年11月，鸿翔时装公司在上海百乐门舞厅举办为社会慈善义演的时装表演会，并特地请来了胡蝶、阮玲玉、宣景琳等当红影星，让她们穿着专门设计的时髦女装进行展示。此外，一些外国人开办的服装店也积极参与其中。南京路上的"朋街"，在20世纪30—40年代，每年春秋都举办流行时装发布会，由西洋女模特进行服装表演，演出不仅带来了西方时装的流行信息，还带来了先进的服装展示方法。

二、新中国服装表演的萌芽期

　　十一届三中全会召开以后，改革开放的春风吹遍祖国大地，服装表演行业也受益于这股春风。

　　1979年，法国时装设计师皮尔·卡丹带着12名法国姑娘在北京民族文化宫进行了一场时装表演。对于刚刚改革开放，大街小巷上满眼还都是军绿色的国人来说，皮尔·卡丹那些五颜六色、想象大胆的衣服一下子戳中了人们的好奇心。之后，皮尔卡丹这个品牌在很长的一

图1-16　1930年，上海美亚织绸厂举办的服装表演

段时间里成了身份的象征，可以说它是国人认识的第一个国际大牌（图1-17）。

1980年初夏，中国第一本《时装》杂志创刊，从此有了自己的服装媒体平台。为了满足展示服装的需求，杂志通常会挑选一些面容姣好、形体优美的女性或演员配合拍摄。

1980年，中国成立了第一支服装表演队，由上海服装公司组建。中国首场时装表演由上海服装公司表演队在上海友谊电影院出演（图1-18）。

1981年，法国著名设计师皮尔·卡丹再次在中国举办了服装演出。此次，仅有2名外国模特，其余模特均为中国模特。这次演出标志着中国首次国际服装表演的开启，也标志着服装表演行业与国内模特行业逐渐进入新篇章（图1-19）。

1983年6月，北京建立第一个服装表演训练班——北京服装广告艺术表演班，其首场演出就登上了北京国际皮尔·卡丹服装交易会，而后他们又参加了诸多国内外的时装表演，均获得较大反响。

之后，全国相继成立了上海丝绸时装表演队、成都服装表演队、大连时装表演队等，天津、广州、西安、哈尔滨等地的模特队也如雨后春笋般涌现出来。

1984年，以上海服装公司表演队为原型的模特题材影片《黑蜻蜓》公映，这是第一部以服装表演为拍摄内容的影片，它如实记录了20世纪80年代初期的中国服装表演，反映了当时模特的真实状态。同年10月，在中华人民共和国成立35周年庆典上，第一次出现了由模特组成的花车。

1985年7月中下旬，应法国著名时装设计大师皮尔·卡丹先生邀请，《时装》杂志社率领中国模特访问巴黎。模特们身着旗袍，高举中国国旗，乘敞篷汽车行驶在香榭丽舍大街，穿越凯旋门。媒体纷纷报道了中国模特的巴黎之行，中央电视台《新闻联播》播出了本次中法时尚文化交流活动的盛况。法国《费加罗报》头版头条刊登了大幅照片，世界开始关注这群来自东方的端庄典雅的中国模特们。

1986年，北京广告公司服装表演队成立，该表演队由北京广告公司和中国丝绸进出口总公司

图1-17　皮尔·卡丹在中国

图1-18　上海服装公司表演队

图1-19　皮尔·卡丹在中国的服装演出

共同组建，中新社对表演队招生进行了报道。同年7月，上海服装公司表演队随中国经济贸易团赴莫斯科演出，参加大规模的双边贸易活动，为外销服装进行经营性演出，引起了巨大的轰动，表演队的这次"时装外交"促进了中苏文化的交流。中央电视台在黄金时间播出了这次服装表演的录像，模特行业的发展又迈向了新的台阶。同年，中国模特石凯参加第六届国际模特大赛

并获特别奖，这是首位参加国际模特大赛的中国模特。

1988年，彭莉在意大利举行的1988年今日新模特国际大奖赛中夺魁，她是第一个在国际上获得大奖的中国模特。同年，首届中老年时装模特大赛在北京举行。8月，首届大连国际服装节举办，它将经济、文化和时尚融为一体，推出系列时装表演、设计赛事等活动，之后发展成为每年一届的国际性服装盛会。同时，中国国际广告公司和中国纺织品进出口公司联合组建了东方霓裳时装艺术表演团，该团后来多次代表中国访问其他国家。

1989年3月，中国服装艺术表演团正式成立。

1989年11月底至12月初，经纺织工业部批准，中国服装艺术表演团在当时广州最大的饭店——花园酒店成功举办了"中国首届最佳时装模特表演艺术大赛"（后更名为"新丝路中国模特大赛"），这是一场全国性的专业比赛。

1989年，苏州丝绸工学院（今苏州大学）首次在高校中开设服装表演专业。之后，部分高校相继开设了服装表演专业。截至目前，我国已经有近百所高校开设了此专业。

三、中国服装表演的专业化发展时期

随着党和国家政策的支持不断深入，在国际先进理念的影响下，中国服装表演逐渐向专业化发展。中国模特行业逐渐壮大，开始参加各类商业交流活动。20世纪90年代，我国陆续出现了模特培训学校，一些高校也开始设置了时装表演专业，这些都为我国培养出大量的时装表演专业人才。我国于1992年组建了第一家时装模特代理机构——新丝路模特经纪公司。这为我国模特表演艺术的发展开拓了国际化的发展道路，并完善了较为规范的管理制度与经营模式，是我国模特表演业发展道路上的重要里程碑。新丝路模特经纪公司的出现，象征着模特行业开始了专业化的管理与运作（图1-20）。

1993年5月，首届中国国际服装服饰博览会（现更名为中国国际时装展）在北京举办，它作为与国际服装产业接轨的桥梁，是亚洲地区最具规模与影响力的服装专业展览会。

图1-20 新丝路模特经纪公司标志

1993年10月，北京汽车展览会上，汽车模特的概念首次由西方引入中国。随着经济社会市场需求的不断变化，模特分类不断细化，逐渐呈现出多元化、专业化、多领域的发展趋势，主要集中在服装、房地产、电子商务、广告、汽车等行业。

1994年，第二届中国国际服装服饰博览会在延续首届的基础上，更加专业化、规范化、国际化。德国、法国、日本电视台等海外媒体均对此次服装表演进行了报道，并给予了高度评价。

1995年，一系列专业的模特赛事举办，中国服装服饰博览会组委会举办中国模特之星大赛，以挖掘、培养模特行业的后起之秀。

上海国际服装艺术节组委会举办上海国际模特大赛，共有来自世界16个国家的模特参赛，中国模特马艳丽获得冠军，彰显了中国模特的实力。

世界精英模特大赛中国选拔赛与中国超级模特大赛合并举办世界超级模特大赛中国选拔赛，谢东娜获得冠军，中央电视台首次全程转播了该比赛的盛况。同年，谢东娜赴韩国参加国际总决赛获得第4名，并获得"世界精英模特"称号。

1996年年初，上海"海螺时装表演艺术团"成立，这是国内第一支专业男模特时装表演队，在中国服装表演发展历程中具有非凡的意义。

1996年，国家劳动和社会保障部颁布《服装模特职业技能标准（试行）》，标志着模特这一职业被正式纳入国家劳动职业序列，并开始走向职业化的道路。虽然该标准并未得到推广与执行，但也意味着模特这一职业越来越被社会认可。

1997年12月，第一届中国服装设计博览会（后更名为中国国际时装周）在北京民族宫开幕。

其发展至今，已成为国内顶级的时尚发布平台（图1-21）。

1998年12月22日，为了表彰对时尚行业具有突出贡献的品牌和人物，中国服装设计师协会和中国国际时装周组委会共同创办了年度性奖项——首届"中国时尚大奖"。其中，"年度最佳职业时装模特"奖项是模特行业的年度性最高奖项（图1-22）。

我国服装表演艺术发展到现阶段，已经基本上建立了一套较为完善的服装表演教育体系，不仅成立了行业协会，还培养出大量服装专业人才与表演模特，甚至形成了各具特色的服装品牌等。随着我国服装表演艺术的发展，相关行业快速成长起来，我国出现了很多在国际舞台上颇具影响力的专业服装模特。

图1-21 第一届中国服装设计博览会颁奖现场

四、中国服装表演的国际化发展

随着国内模特机构的发展与成熟，中国服装表演行业的管理与运作完全专业化并逐渐向国际化趋势发展，可以说这一时期中国模特代表经纪公司，也代表个人，更代表国家甚至民族形象。

2000年开始，越来越多的模特在国际舞台崭露头角。

2001—2010年，我国培养了许多风格各异的优秀模特，如杜鹃、关琦、莫万丹、张梓琳、裴蓓、刘雯、奚梦瑶、秦舒培等。

2002年9月，新丝路中国模特大赛中，杜鹃获得冠军。5年后，她以中国模特身份登上《时代》副刊封面。2006年，杜鹃担任世界奢侈品牌路易·威登（Louis Vuitton）秋冬季广告代言人，并成为登上LV秀台的首位中国模特。自此，众多国际品牌代言人中，开始出现中国模特的身影。

2007年12月，张梓琳荣获第57届世界小姐选美大赛总决赛桂冠，这是中国选手首次夺得世界小姐全球总决赛的冠军。

同年，在巴黎时装周上，裴蓓成为迪奥春夏高级定制女装秀的首位开场模特，在国际秀场上引起强烈反响。

2009年，刘雯登上时尚内衣品牌维多利亚的秘密秀场，成为维密舞台的第一张亚洲面孔。

2010年，赵磊成为普拉达（Prada）广告中

图1-22 1998年首届中国时尚大奖"年度最佳职业时装模特"颁奖现场

出现的唯一一位亚洲男模特。

2015年，王弘宇参加第21届中国模特之星大赛获得男模组冠军，从此正式出道。2017春夏男装周的伦敦站中，王弘宇先后作为亚洲唯一男模和中国唯一模特为品牌J. W.安德生（J. W. Anderson）、蔻驰（Coach）走秀。转战米兰站后，在压轴的巴黎站中，王弘宇以亚洲唯一面孔为品牌罗意威（Loewe）走秀。

如今，更多国模面孔被各大奢侈品牌所青睐，其中不乏金大川、王弘宇、刘治成、贺聪等青年模特。服装表演行业发展至今，用事实证明了中国模特已经深度接轨国际T台，并且有能力持续地发展下去，成为国际时尚潮流的引领者。

第二章

服装表演的属性

第一节　服装表演的类型

随着人们生活水平的提高，现代流行趋势的日新月异，服装表演在生活中变得愈加重要。它不仅仅是简单的服装展示和模特走秀，更是文化传播、服装营销的重要手段。服装表演作为一种新兴城市性文化活动正在逐渐走向国际化，表演的形式越来越多样化。根据表演的性质，我们将服装表演划分为以下7种类型。

一、发布类服装表演

时装发布会是引导服装流行趋势的宣传形式。常见展示类型有年度流行趋势发布会、服装品牌发布会、设计师个人作品发布会等。它是较为常见的服装表演形式，展示的形式较为灵活，十分讲究艺术性和传播性。发布者多为时尚流行机构、服装协会、服装设计师协会、企业、设计师等。

此类演出的场地通常选择在星级酒店、临时搭建的场馆、博览会场馆或其他具有创意性的场所。表演有明确的主题，且舞台美术、灯光、音乐都和演出主题相吻合。这样的表演通常备受关注，一般借用传播媒介进行传播，主要包括网络、纸媒、电视等，传播方式涉及范围广且持续时间较长（图2-1）。

每年在世界各大城市举办的高级时装作品发布会是最具代表性的。这种发布会大多由著名设计师和权威发布机构联合举办，其目的是设计师或品牌向社会展示自己的实力，增强大众对品牌的信任度，给媒体制造热点的话题，充分展现品牌本季度的设计理念，体现品牌的文化和个性。届时，来自世界各地的成衣制造商、销售商、服饰记者、服饰评论家、高级顾客、面料制造商、明星名人都会云集，目睹服装设计大师们对下一轮流行的新见解和新主张（图2-2）。

个人时装发布会，是服装设计师为表现设

图2-1　发布类服装表演1

图2-2　发布类服装表演2

计才华、提高自己的声誉，或为展示某个时期的新作品而举办的时装表演。这种发布会的特点是：围绕着设计师既定的主题，诠释设计师在既定时期对时装的理解和看法，表演中创意性或前卫性作品占有相当大的比重。设计师借此昭示自己的个性和设计风格，强调作品的艺术效果和视觉欣赏性。

二、促销类服装表演

促销类服装表演是配合商业产品的促销活动而进行的服装表演。它可以是某商场为了吸引顾客而举行的不定期服装展示，或是博览会上参展商为宣传产品而举行的产品动态展，或是某品牌产品为扩大知名度而举行的促销表演。这类表演的场地经常会选择在百货公司、专卖店或是会展中心，观众则是来购物或参展的客人。

促销性服装表演的目的就是宣传服装品牌、推出服装新款、打开销售市场，演出服装多为实用性服装，且通常不会花费过多的经费来邀请名模以及搭建奢华的舞台。这类表演具有以下两个明显特征：一是演出的商业性，表演一定要达到能够提高商场或品牌产品的销售额的目的；二是在表演中，要强调产品的特色如色彩、剪裁方式、面料以及搭配等细节，从而让观众认识产品、了解产品，以达到吸引消费者的目的。

三、赛事类服装表演

赛事类服装表演的主要目的是通过竞赛选拔相关优秀人才，服装表演则成为实现该目的的载体和表现形式。常见的展示类型分为服装设计大赛与服装模特大赛。服装设计大赛重在展示参赛的服装作品，让观众了解服装设计师所传达的理念；而服装模特大赛重在对模特专业综合素质的考察。

服装设计大赛传播的侧重点为"服装"和"设计师"。不同类型的服装设计大赛，要求参赛者所设计的参赛作品的侧重点也不同，故其传播的服装信息的诉求也会有所不同。如"帛杯"中国国际青年时装设计师作品大赛属于创意服装大赛，特别强调表现设计师的自我意识，设计可以不受生活装的束缚，体现鲜明的个性风格和时代感；而"中华杯国际服装大赛"则属于实用性服装设计大赛，注重设计理念的市场化。

模特大赛传播的侧重点则为"模特"以及为其"冠名的品牌"。服装模特大赛主要是通过服装表演的形式，对模特的外貌条件、气质风度、走台表演技巧和文化修养等综合素质进行评比。

四、学术类服装表演

这是以发现和培养设计人才为目的的时装表演。表演中，设计师通过服装作品展现自己的设计才华，服装表演的舞台成为验证设计师实力的平台。这类时装表演没有生产和销售的压力，多为设计师或设计团体的主题性设计或新流派创作的发布，具有研究和交流性质。此类型是一种设计思路活跃、展示形式多样的时装表演形式（图2-3）。

学术型服装表演有3个特征：

（一）主题性和创意性

学术型服装表演是设计师为表现设计才华，提高自己的声誉而举办的主题性作品展示活动。其特点是围绕着既定的主题，创意性作品占相当大的比重，与实际的生活装相比，大部分作品非常前卫，设计师在这里充分显示自己的个性和风格。

2018年，巴黎时装周的薇薇安·韦斯特伍德

图2-3 西安工程大学毕业生服装设计展演

（Vivienne Westwood）春夏系列，秀场为一个圆形大舞台，舞台中央是楼梯，楼梯两侧围满了身着白色"棉被"大衣的静态模特，走秀的模特则从楼梯走上秀场，绕场一周。模特们不止服装奇特、夸张、富有想象力，妆容更是奇异大胆，面布涂抹不同色块，十分富有个性（图2-4）。

图2-4 薇薇安·韦斯特伍德2018年春夏系列

图2-5　亚历山大·麦昆2001年春夏系列

在学术型服装表演中，通常设计师为了突显自己的个性和设计主题，会设计出与主题相关的场景，运用戏剧性的舞台装饰、强烈多变的光影效果，将欣赏者的心境融入表演的场景中。观众身临其境，对服装的审美感知会更加到位。2001年的亚历山大·麦昆（Alexander McQueen）春夏系列"精神病院"，以电影《飞越疯人院》为灵感源泉，将秀场布置成一间关押精神病人的巨大玻璃屋，妆容苍白妖异的模特们在其中挣扎呼救。表演尾声，秀场正中的玻璃幕墙应声倒下，体态臃肿的妇人头戴呼吸面罩，裸身斜躺在长椅上，被成百上千只飞蛾包围。这幅梦魇似的场景如此阴冷，像极了一幅超现实的诡异油画（图2-5）。

（二）流行性和前沿性

此类型表演中，设计师把自己对美的认识、对某种事物或感想的表达，用一种崭新的、特别的表现手法创造出来。设计师的想象比较自由，把构思中的效果在舞台上夸张地展示出来，具有很大程度的尝试性和先驱性。而这种新的被赋予设计师个人创新思想的精神作品，对流行有一定的指导作用。

中央电视台财经频道（CCTV-2）时尚文化竞技节目《时尚大师》中，郭培的金色主题时尚大秀，在传统宫绣的基础上进行创新，以中国古代宫廷服饰为灵感，大量运用了祥云、龙凤、旗袍等中国风元素，将传统民族服装中的元素大胆运用到当代流行的服装样式中，打造了一场华丽的梦幻大秀（图2-6）。

当欣赏者在欣赏学术型服装表演时，可能会

图2-6　郭培金色主题时尚大秀

图2-7 英国圣马丁学院2019年毕业秀

觉得这些服装表面上不符合我们一贯的审美，但当欣赏者的思想和感受渐渐理解并融入设计师的思想意图中时，会觉得这样夸张的设计并不是完全不可能的。设计师替欣赏者找到了一个新的审视角度，最终使服装表演富有新的感受意义，实现了形象与审美想象的和谐统一。

2019年英国圣马丁学院的毕业秀上，一个巨大的气球被带上秀场。模特被这巨大的气球包裹着，走到T台的中央时，气球突然开始泄气，变为一件紧紧裹着模特的裹身裙，整场秀非常具有戏剧张力（图2-7）。

（三）交流性与传播性

服装表演作为时尚文化的展现形式之一，不少设计师、模特、时尚行业相关人士都会以表演活动的举办为契机进行相关的学术交流。而具备一定影响力的学术型服装表演必定有巨大的影响力与传播性。如中国国际大学生时装周，每年都会在北京"798"开展，其举办旨在为我国高校服装设计专业、服装表演专业的毕业生打造一个展示设计才华的舞台，为各大服装院校提供一个教学成果的交流平台，在毕业生与用人单位之间建造一个人才交流的桥梁。打造这样一个交流平台，也会进一步提高服装设计人才培养质量，促进我国服装教育事业的发展，必将为我国服装设计师队伍增添新鲜血液，注入新活力（图2-8）。

五、订货会类服装表演

这类服装表演的目的是让观众通过观看演出下订单，是直接为商业贸易交流服务的表演形式。观众的组成基本上都是经销商或百货公司的专业人员。观众在观看表演时，手持订单，边欣赏边选购。演出的服装基本上是新设

图2-8 中国国际大学生时装周中的服装表演

·服装表演概论·

图2-9 订货会类服装表演

计的实用服装，可以成批量供货的服装。这类演出的重点是能够让观众尽可能地看清楚所展示产品的基本材料、款型、色彩。这类演出并不一定要花费很多的经费来制造"视觉冲击力"，也不一定要制造强烈的舞台效果（图2-9）。

在订货会上，服装表演模特所展示的服装是企业最新和即将推出的款型，为了对新产品款型做到保密，订货会服装表演通常不邀请媒体参加，也不邀请与订货会无关的非专业人士参与，且不允许拍照。订货会服装表演的举办地一般是在服装公司内或公司订货会指定的场所。

六、艺术文化类服装表演

艺术文化类服装表演的重点是展示服装文化内涵与特色，承担着传播服饰文化、促进文化交流的功能，具有较高的艺术欣赏价值。

艺术文化类服装表演所展示的服装，有的是以民族风情特色为主的传统服饰，有的是以历史朝代为发展主线的宫廷服饰，有的是具有学术性质的科研成果展示，也有的是设计师表达自己对社会、人文、环境、宇宙等情感的服装作品。演出的服装可以不考虑服装的穿着功能、实用性以及市场营销因素。观众基本为社会各界的艺术创作人士、时尚及艺术媒体制作人、艺术评论家以及服装设计相关人员。

演出多利用舞美设计、音响、灯光等综合的多媒体设备，突出表演主题和烘托现场的艺术化表演氛围。此类服装表演强调文化性、艺术性和审美性，也强调观赏的娱乐性，已衍生为文艺演出的复合体。

艺术文化型服装表演的主要目的，就是传播服饰文化的内涵，其包含以下3个主要特征。

（一）突出服装文化内涵

文化具有民族性，每一个社会的形态都有与其相适应的文化。在艺术文化型服装表演中，展示的服装都具有文化性与艺术性的特点。这种服装表演就是为了突出服饰的文化内涵与特色，促进服饰文化的交流与发展，具有一定的研究价值，与商业性的服装表演具有本质上的区别。它可以传承一个国家、民族的文化精神，也可以弘扬优秀的服饰文化。

在中央3套播出的《国家宝藏》中，服装设计师楚艳带领她的团队，向观众们展示出大唐服饰的华美。在这场《观唐》古代服饰艺术动态秀中，十几位风采各异、身着五颜六色唐代服装的模特向我们款款走来，她们优雅的体态、华丽的妆容，仿佛从莫高窟壁画里直接走了下来，从1000多年前的大唐穿越而来。当这些气度不凡的模特真正站到舞台中央时，我们对于"盛唐气象"这4个字有了更具体的画面感受（图2-10）。

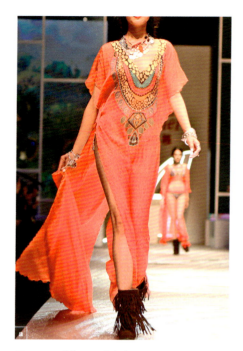

图2-12　爱慕2016发布会

（三）引导生产消费

服装表演的价值和主要目的，就是提升服装品牌的知名度、引领服装发展趋势、促进服装的销售，最后获得丰厚的利润和商业回报。通过服装表演，人们能够认识产品、了解产品，并产生购买欲望。许多服饰品牌每一季度都会举办服装发布会，目的也在于此。服装表演可以引导消费者产生新的消费理念。

现代高级定制女装之父——英国人查尔斯让模特穿着新设计的服装向顾客展示，结果引发了顾客们的争相购买。由此，服装表演在各地流行开来，成为带动服饰消费的法宝。不论哪种类型的服装表演，都能够通过模特对现有服饰的动态展示来达到促销服装的目的，这一点尤其能在促销类服装表演和订货会类服装表演中得到印证。这些在商场或者服装专卖店举办的服装表演充分体现出其强大的拉动服饰销量并引导消费的功能。在购物时，很多顾客不知道服装的穿着方法、搭配方式，而且在不方便试装或者没有意愿试装的情况下，又没办法看到服装被穿着后的真实形态。通过欣赏实时实地的真人模特的服装表演，顾客不仅可以在短时间内更加直观地了解所售商品的穿着效果，还可以更加深刻地把握该品牌服饰的风格特征。

服装表演活跃了卖场的购物气氛，顾客在欣赏舞台服装表演之余产生愉悦的心情，促成消费，从而增加企业的盈利。

不仅如此，赛事类的服装表演也能促进服装消费的形成。在专业模特赛事中，模特会穿着礼泳装、时装、晚装展示不同的技能，因此赛事赞助商通常是一些服装公司。模特在比赛时穿着赞助公司的服装，从另一角度呈现了服饰的性能，从而引发观众的好奇心与购买欲望，也能扩大服饰企业的知名度。

服装表演作为一种商业促销手段，当下在国际上的众多品牌都采取时装发布会来演绎时尚、促进时尚消费。服装表演离不开商业的推动，也蕴藏着巨大的商业价值。在服装表演的过程之中，通过模特的动作来展示服装，向受众传达服装的流行元素、色彩、风格等时尚信息，将其内在的购买欲望激发出来，这样就能在欣赏作品的同时，促进服装的消费。2017组约时装周开幕，汤姆·福特（Tom Ford）选择用私密派对的形式发布秋冬系列。观众们在秀结束之后就能直接在品牌门店及官网抢购。这种新的发布模式除了汤姆·福特外，也被博柏利（Burberry）等少数品牌认同。汤姆·福特之所以有此创新性的举动，正是因为利用了舞台服装表演的促销功能（图2-13）。

图2-13　汤姆·福特2017秋冬系列　　　　　　　　　　　图2-14　汤丽·柏琦2020秋冬系列

（四）预测潮流趋势

对于普通大众来说，杂志、知名品牌的新品发布会、时装周的T台，都是时尚潮流风向标。一些知名设计师通过自己对市场的分析与预测，对下一季流行服装进行判断，并将其色彩、面料款式等运用到服装设计作品中，以服装表演流行发布的形式展示出来，传播服装流行趋势，引领服饰潮流。观众可以十分直观地欣赏下一季的流行元素、服饰的流行款式、搭配方式等，从而指导自己的日常服饰搭配。品牌发布会成为消费者的购物指南，消费者也可以将模特的穿着搭配作为标杆。时尚文化是一个时期人们普遍的审美偏好，也在一定程度上代表着这一时期服装发展的趋势。每年在世界各地举办的四大时装周包括纽约时装周、伦敦时装周、巴黎时装周和米兰时装周就是预测潮流的平台。

时装发布会是潮流趋势预测参照物，也是流行趋势预测公司职员发布新的流行趋势的参照物，像纽约和阿姆斯特丹等时尚城市均有流行趋势预测机构。由此可见，发布会服装表演是流行趋势的发布形式，同时也是制定新的流行趋势的依据。如汤丽·柏琦（Tory Burch）2020秋冬系列中，模特的每款造型都搭配着尖头或锥形方头的中筒靴、骑士靴或过膝靴，预测了靴子的流行趋势（图2-14）。

二、服装表演的文化功能

（一）推动文化传播

服饰展示是以最直接的方式来展现时尚文化的活动，服装表演作为一种艺术实践，在实践过程中，将地域性的文化通过艺术的手法表现出来，使得文化间得到交流与互通。服装表演具有这项文化功能的主要目标并不是销售，而是以展示服饰文化内涵为目的，旨在推动服装行业发展、启发和引导人们的服饰审美观念，增强人们对服饰文化内涵的理解，促进服饰文化交流与发展。观众在欣赏表演时，领会服饰作品中所蕴含的文化氛围、时尚精神以及设计理念的寓意，这是此类服装表演特有的文化价值。

对于设计师或品牌方来说，服装表演能向观众展示出服装真实的上身效果，可以让观众了解服装知识和时尚信息。对于观众来说，服装表演传播着时尚的最前沿讯息、引导着大众的服饰潮流，是人类服饰文化最直接的传播平台。对于社会来说，服装动态展示作为一种艺术活动，具有传播多国文化艺术的作用。各种

图2-15 2019年秋冬伦敦时装周

类型的服装动态展示让不同的文化得以交流，各种服饰的交错展现让服饰文化的发展更加多元化、全球化。在21世纪的今天，人们对服饰文化的诠释方式更加多样和丰富，人们对服饰的选择余地也会更加宽广。如2018年亚欧时装发布会，以弘扬新疆特色服饰文化为目标，吸引了各国的设计师以及服装品牌，通过服饰进行文化交流，让人领略到服饰文化的永恒魅力。

（二）丰富文化生活

有服饰展示的地方，就有媒体、有时尚、有观众、有值得探讨和学习的服饰文化。文化生活包括阅读、写作、文娱、体育及其他艺术方面的活动。21世纪的今天，数字化和网络化已经成为未来服装表演不可逆转的趋势，人们已经可以随时随地参与虚拟服装秀，与自己喜爱的模特或者设计师对话，分享着一个又一个优雅的镜头。服装表演的类型也会更加丰富多彩，以更夸张、更奇特的表现形式娱乐人们的生活，为人们的感官带来更大的冲击力。

如2019年伦敦秋冬时装周上，新生代设计师 Gerrit Jacob 采取"MR+5G 时装表演"，通过混合现实技术与舞台现场同步融合，帮助设计师更好地展示服装，让佩戴MR眼镜的观众通过眼镜看到MR图像与现实混合之后的效果。时尚界

与虚拟技术的深度合作，带给了观众奇妙的体验，也丰富了观众的文化生活（图2-15）。

（三）守护文化传承

服装文化的传承与融合，离不开一个国家民族性、地域性、政治、经济以及文化风貌的因素。服装是一个时代发展的见证，服装表演将具有时代特征的服装在舞台上呈现出来，体现出文化的传承与当代的融合。服装表演作为服饰文化的表现形式，在世界各地的文化传播体系中具有不可或缺的作用。无论是中国风的兴起，还是中国传统文化在服装表演方面的广泛应用，都凸显出服饰文化与传统艺术之间的联系正在加强和稳固，并反向彰显于整个世界。文化传播在社会变迁中代代相传，未来的服装表演更有可能被作为对传统服饰文化传播和保留的方式。服饰文化体现了民族文化，所以服装表演在传承民族文化的历史舞台中占据着不可替代的位置。

2018年，中国国家博物馆上演了一场特别的服装秀，模特们身着阔腿裤花衬衫、风衣发带、复古牛仔衣等不同时期具 有代表性的服饰进行走秀，他们手拿大哥大、收音机，抱着吉他，既展示了改革开放 40 年中国人民的服装变化，也展现了人民群众生活上的点滴改变（图2-16）。

（四）提高文化竞争力

从人类学的视角来看，服装表演是一种推动文化发展与传播的艺术形式。服装表演作为一种艺术实践，在实践过程中，将地域性的文

图2-16 改革开放40周年服装秀

·服装表演概论·

化通过艺术的手法表现出来，从而使文化间得到了交流与互通。对于品牌而言，服装表演的现场无疑是传播民族文化属性最好的契机，而走上国际舞台是让世人都了解且认同这个品牌是带有民族文化价值的恒久文化且国际化的必经之路。

三、服装表演的审美功能

（一）提高审美趣味

服装表演之所以成为一种重要的艺术表现形式，正是因为服装表演具有审美功能。服装表演的审美功能就是指服装表演在使观众获得审美体验的同时引出审美趣味的导向。伏尔泰说："精确的审美趣味在于能在许多毛病中发现出一点美，和在许多美点中发现出一点毛病的那种敏捷的感觉。"他把审美趣味解释为对艺术中的美和丑的感受，观众可以通过自身对表演对象不同的理解和感受去发现各自的审美趣味。不同阶层的观众群体，有不同的审美趣味，既有高雅的审美情趣，也有庸俗和低劣的审美情趣。高级的层面上的审美趣味同样存在着低级现象。如今，服装表演的娱乐性也存在审美趣味上的好与坏，许多为了追求经济上的暴利而举行的服装表演，如在一些低层次的娱乐场所进行没有任何艺术成分的服装表演，它们的审美趣味只限于人性最低级的感知层面上，无法使人感觉自然的魅力。

审美趣味取决于不同的社会因素，良好的审美趣味是文化修养的体现，社会的不断进步和发展带动审美趣味日趋完善。从审美角度来分析，服装表演从一开始就提供高雅的表现手法为上层社会所服务。从这种表演的目的来看，它是属于纯粹的审美范畴的，并且是具有高级审美趣味的，审美情趣蕴含了高雅文化和道德意识的内涵，民众通过高雅的审美欣赏，实现对自身精神境界的涤荡和超越，感悟对美好人生价值的追求和有益启迪。

（二）满足审美需求

人类对于美的追求是永恒的，有了对美的欣赏，人们的心情会变得愉悦，人际关系变得融洽，生活变得充实。人类对于服装美的追求自人类社会诞生不久就开始了，从各个历史时代的印迹中都可以发现人类不断地创造出越来越多样化、时尚化的服装。服装表演作为展示美、赞扬美和追求美的一种形式，体现了高度的审美功能。

首先，服装表演体现了形体美。形体作为人的生命的载体，是人体艺术的物质基础，同时也是模特艺术的第一审美对象。作为服装表演的模特，先天的身材条件与后天的形体训练结合后，再加之一定的艺术熏陶，最终可以展现出人的内在力量、鲜活的生命力、纯洁的内心之美，能够给人带来一种不同于一般人的美感。特别是在服装的装饰下，服装表演模特更能给人带来美的冲击和震撼。除了在服装展示台上服装模特可以在展示服装的同时展示出优美的形体外；在其他一些商业场合中，服装模特也能以其优美的形体吸引更多的受众。

其次，服装表演体现了服装美。服装表演自从开始出现到现在，已经有一个多世纪的历史。虽然目前服装表演被应用于更多领域，但体现服装美的这一基本特征从来没有减弱过。服装表演模特身着华丽的服装，在T台上向观众展示服装独特的创意、独具匠心的搭配组合、个性化的设计风格、缤纷的绚丽色彩、优质的服装面料、良好的缝制工艺等。这些都能给观众带来美的享受。

最后，服装表演体现了表演美。服装表演之所以以人为载体，主要是因为服装表演是通过人的形体动作来展示服装艺术主题的。在各种因素中，服装表演把动作作为模特的核心语言元素，模特通过变化多样的台步、合体的举止造型、高雅脱俗的表情和内在气质，给观众带来表演的美的享受。观众在欣赏服装的同时，也在欣赏模特展示的表演美。

服装表演正是利用了这些特点才能够达到观众对于美的需求，才能在表演的同时创造更多其他价值，同时让欣赏者从服装表演的众多艺术元素中体会到接近自己的着装审美。

（三）视觉、听觉、感觉的和谐

视觉和谐指人体美与服装美的和谐统一、视觉氛围的和谐统一。服装的审美目的不在于服装本身的美，而是着装者的整体形象美。服装美的装饰性体现在对人体的再改造。人体美通常包括形体美和气质美两个方面，在服装表演中，这种装饰性要和着装者的形体和气质相协调，并且要进一步衬托出人体最有魅力的审美质点，从而达到人体美和服装美的和谐统一。在服装表演中，运用超越常人身材的模特演绎服装，能够更直观、更准确地体现出服装美。不仅服装表演的承载者和表演内容需要灵感、激情和想象，服装与人体的完美结合在视觉上同样也促进了欣赏者的审美想象。服装表演的视觉氛围一般指舞台、灯光、背景、道具、编导等众多元素的统一结合，以衬托所要展示的服装的主题风格，从而达到表演的目的。众多创造表演视觉氛围的艺术元素共同作用于服装表演时，就是事物的统一性所体现的和谐美。

听觉和谐体现在音乐本身的和谐，与音乐的审美联系。音乐在服装表演中有着引导观众欣赏的思路，启发观众对服装设计个性的理解与联想的作用。同时模特能够利用音乐的旋律感更准确地把握服装的内涵，表现服装本身内在的韵味，表现服装动态时的韵律。利用音乐这一艺术元素作为辅助手段，以不同的表现方式带给服装表演不同的呈现效果，而这种能够令人产生愉悦或是能够达到表演目的的效果是直观的。

想象是人在大脑中凭借记忆所提供的材料进行加工，从而产生新的形象的心理过程。表演美的创造不仅令人能够对服装设计美感产生感受力，更可以将服装表演展示带来的艺术构思进行诠释，并且有效地将艺术受众与艺术本身的价值内涵做到文化层面的传达。在进行服装表演的过程中，模特要通过大量的练习与反复的研究，思考如何运用更巧妙的构思方法，创造出更生动和惊艳的艺术表达模式，令观众在欣赏服装的同时感受艺术、享受艺术、认同价值、认同文化，还可以产生艺术审美的共鸣，将服装表演的美发挥到极致。当视、听、感三者统一，观众的内心得到审美满足，服装表演的审美功能便发挥到最大了。

第三节　服装表演的表现形式

一、程式化的表现形式

程式化的表演形式是最为常见的一种形式，这种形式的服装表演的舞台多为伸展式舞台，也就是我们常说的T台。展演过程中形象直观，模特的行走路线十分简单，通常选用单溜形式。模特在展示过程中，肢体造型简单大方，没有过于复杂的肢体语言，整体展示以突出服装为目的。值得一提的是，由于这种表演形式整体来说十分固化、程式化，因此，想避免演出的乏味、枯燥，就需要编排人员从舞台、灯光、音响、服饰安排、出场次序等方面推陈出新，缓解观众视觉上的审美疲劳（图2-17）。

图2-17　程式化的服装表演形式

二、探索式的表现形式

探索式表演是一种先锋派的表演形式。制作者常常具有前卫的时装意识，热衷于夸张的艺术表现形式。配合这种表演方式的，也是前卫派设计师的作品。整场演出从服装、化妆到背景、音乐与灯光都显示出某种程度上的离奇与怪诞。这显然是当今时装界愈来愈受瞩目的非主流文化的产物。作为对传统的、循规蹈矩的表演方式的补充，它也是具有存在价值的。

爱丽丝·范·赫本（Iris van Herpen）在2014年的发布会中，舞台布景设计大胆，将模特装在真空袋中，他们悬浮在半空中，痛苦地扭动身躯，呈现出身如胚胎的状态。通过艺术与科技的结合，表达了设计师对"生物剽窃"的谴责（图2-18）。

在此类表演形式中，模特形象塑造往往求新、求异、求夸张，但是这种夸张并非没有节制，而是一种文化的独特彰显。以发型设计为例，表演中，发型设计大多数以造型为主导，采用多样化的色彩搭配。例如亚历山大·麦昆2001年的秋冬服装表演中，秀场主题为"旋转木马"，灵感来自恐怖电影《灵异入侵》，在表演中，模特化妆成恐怖娃娃，在游乐场内穿梭往来，秀场氛围和妆容设计相当恐怖、怪诞（图2-19）。

除了发型之外，面具、头盔等前卫的造型工具也可以增添整体形象的神秘感，例如2017年香奈儿（Chanel）春夏时装发布会中，表演以"与科技的亲密接触"为主题，场景中，有堆叠的硬盘、交错的网线、金属格装置、光缆与电源线等，模特戴着高科技感的头盔，让人联想到科幻大片的拍摄现场。模特面无表情地走秀，表现出高科技时代的冷漠感，给观众带来视觉上的新鲜感（图2-20）。

当然在此类型展示中，服装的创意性也成了观赏的重点。川久保玲2017年春夏时装秀中，服装造型夸张，包裹严实，给观众留下深刻的印象（图2-21）。

在另外一场秀中，英国设计师夏洛特·奥林匹亚（Charlotte Olympia）将模特们打造成各种不同的水果，众"水果们"带着阳光灿烂般的笑容向观众走来，鲜亮的色彩和独特的形状轮廓表现出个性独立的设计（图2-22）。

图2-19　亚历山大·麦昆2001秋冬发布会

图2-20　香奈儿2017春夏发布会

图2-21　川久保玲2017春夏发布会

图2-18　爱丽丝·范·赫本2014发布会

图2-22　夏洛特·奥林匹亚2017春夏发布会

三、主题型的表现形式

主题型表演形式与简易型表演正好相反，这是一种大型的时装演出，其特点是规模大、表演空间大、模特阵容大、主题观念强。这种表现形式往往在大型的文艺活动里出现，比如运动会开幕式上的服装表演、时装节开幕式上的表演等。有些主题性的表演，则是根据表演主题展现特定的服装，带有很强的艺术性。此类表演需配备足够的经费和较长的制作周期，当然编导的统筹能力与指挥能力也应技高一筹。

丽江古城之前举办过一场非遗服饰秀"玉缎金丝织锦绣，丽水银山展窈窕"让线上线下观众大饱眼福。以纳西族为主的民族服饰集中亮相，多个表演节目穿插呈现，还原纳西族日常劳作场景，展现民俗文化，带领观众从一针一线中感受丽江的质朴之美，从衣襟裙裾中感受丽江的创新之美（图2-23）。

图2-23 "玉缎金丝织锦绣，丽水银山展窈窕"主题服饰表演

四、简易型的表现形式

顾名思义，这类表演要求简单，其简单体现在模特的人数和表演的规模上。这类服装表演只需要少数的模特出场，其展示产品的对象多为指定的客户。通常出现在一些小型的订货会上，或者是为某个电视台制作专题栏目。表演的空间不需要太大，模特在展示产品时要突出产品的细节，因此没有严格规定的走台路线，只需要按其职业习惯即兴发挥即可。

五、戏剧化的表现形式

戏剧化表演其实是受到戏剧作品中，一种叫作"再现生活"观念的影响，将戏剧表演中的某些手段运用于时装表演中。戏剧化表演形式的优势在于生动活泼，将生活化的情境融入演出中，经常运用道具制造出若干小场景，给人很强的带入感。此类表演中一般都有戏剧情节的展示，如一群年轻人外出快乐地郊游，或几位老年人悠闲地散步等。当然，这种表现形式有一定的局限性，它不仅对编导的要求较高，同时还需要模特有一定的戏剧表演功底，不能"淡而无味"，脱离戏剧情节，也不能过于夸张，影响人们对服装的欣赏。

2001年春夏，亚历山大·麦昆以《飞越疯人院》为灵感源泉，将秀场布置成一间关押精神病人的巨大玻璃屋，她们如同被困在囚室里，不断地挣扎，恐惧地面对着未知的审视（图2-24）。

图2-24 亚历山大·麦昆2001春夏发布会

三、综合性

服装表演是一门集多学科为一体的综合性艺术，涉及服装设计艺术、表演艺术、环境艺术设计、灯光设计、音乐制作、化妆造型等。服装表演从编排到演出都是一项集体活动，需要编导、模特、舞美设计师、灯光师、音响师等多方面人员的合作才能完成，是项综合性的艺术创作。

2019年，迪奥春夏高级定制时装秀场在罗丹博物馆的花园内树立起一座奇异的马戏团帐篷。在观赏者进入秀场后，首先就会看到马戏团的帐篷，在入座后则可以看到各种各样的马戏团元素在秀场以及服装上的运用。本次服装表演在视觉上可激发人们对马戏团的回忆与想象，再现马戏团与服装、时尚艺术之间的关联。服装表演的每一个要素，无论是服装配饰、场景设计、舞台造型、灯光设计、音乐选编，还是模特的肢体表演，全部以马戏团情境再现为主，展现了一个既美妙又原始，既充满诗意又纯真的画面，充分展现了表演的综合性特质，使观赏者迸发天马行空的想象，更好地体会设计师的设计精髓（图2-33）。

四、时尚性

随着时代的发展，服装服饰也在发生着变化，在不同的历史时期，人们喜爱不同风格款式的服装。服装表演也是这样，不同的时期，模特的妆型、发型、走台风格、舞台设计、音乐等都会随流行发生着变化。所谓时尚性是指服装表演在表现形式和艺术风格上体现的时代潮流感，既源于生活，又高于生活。如表演者创意性的新潮服装，浓艳夸张的化妆，再借助舞台绚丽、变幻的灯光艺术以及专业的音响效果，甚至运用舞蹈表演等多种手段，来创造令人赏心悦目的视听氛围，其产生的强烈的视觉和听觉冲击和震撼，使现场观众获得足够的感官刺激。

服装表演是为服装市场服务的，其性质是集商业、艺术、科技、传播和管理于一体。它是一种综合性的时尚事件，具有很强的时效性。为了满足服装市场季节性的需求，服装表演的展示具有很强的时间限制。从操作的角度来考虑，为了满足服装市场销售季节上的需求，服装表演的创作不可能像电影、戏剧等表演艺术形式那样具有充分的酝酿和创作时间，而是根据服装销售季节来完成创作和执行过程。因此，商业性的服装表演其时效性特征尤为明显。

图2-33　迪奥2019春夏高级定制时装秀

在不同的时期，即使是同一品牌，服装的展示所表现的主题内容也都会不一样，往往会带有那个时期的流行倾向。其实对流行时尚特殊的敏锐度和理解力，也是服装表演制作者必须具备的专业素养之一。

1994年迪奥的高定秀场，从舞台到灯光，完美地展现了华灯起、车声响、歌舞升平的社会繁荣景象。这一季服装的设计更是为这场秀增添了迷人的魅力，服装带着浓厚的巴洛克风格，搭配上夸张的耳环和高调的烟熏妆，复古而有情调，大胆而张扬——这正是20世纪90年代迪奥对时尚的诠释。模特身姿摇曳，眉目传情，从神态里面透露出的妩媚，颇有90年代的浪漫风情（图2-34）。

2023年迪奥秋冬高定系列秀场与1994年十分不同的是，这场秀所表达的是极简风格影响下的低调，而不是华丽繁复的复古理念，服装与秀场更加贴近简约大气的风格，系列的调色板以白色、银色、淡金色为主，整体色彩基本保持单色搭配，在视觉上更强调色彩纯度和光线的衬托（图2-35）。

由此可以看出，服装是一定时期内社会的产物，它随着大众的意识、生活的发展、流行的趋势不断发生变化。在服装表演中服装的设计、秀场的风格，甚至是模特们的表演方式都会随时间的流逝，呈现不同时期的流行元素。这种时效性也促使服装行业与时尚行业源源不断地发展，引领人们的生活方式，改变人们对时尚的态度与看法，丰富人们的精神生活。

五、科技性

随着科技的进步，社会文明的进步以及国际文化的交流越来越频繁，时装舞台脱离了旧时代的封闭性和局限性，迈入了"数字媒体互动网络"的新时代。越来越多的舞美效果，通过高科技的手段将各种幻想变成真实环境的感受和体验，服装表演的展现效果从平面走向动态的三维立体。

现代的服装表演在舞台制作、灯光设计、音乐制作等方面都含有大量的科技成分。如特殊的舞台制作中，出现了升降、旋转、往复运动的舞台形式，操作也由机械控制转为电脑管理，从而使舞台运动更加精确。

不仅如此，装置艺术大量地被运用于服装秀场，且技术日渐成熟。香奈儿是当代最善于运用大型装置的品牌之一。在服装表演中，香奈儿曾运用旋转木马、火箭、谷仓、花园、超

图2-34　迪奥1994高级定制发布会

图2-35　迪奥2023秋冬高定秀场

图2-36 香奈儿2010秋冬发布会

市、冰山、埃菲尔铁塔等装置艺术。如在2010秋冬系列秀场中，将一座金色的狮子雕像放置在舞台中央，此灵感来源于可可·香奈儿（Coco Chanel）的星座——狮子座，秀场中狮子造型占据了整体秀场的视觉中心，成为秀场的亮点，狮子爪下的珍珠也格外引人注意，因为珍珠也是香奈儿女士的象征之一，被巧妙地设计成模特上下场的通道（图2-36）。

ANREALAGE2023秋冬系列森永使用了光致变色纤维作为成衣的主要原料——该材料会在太阳光或紫外光等的照耀下产生颜色变化，当光线消逝之后又会在一段时间后可逆地回归本来的颜色。模特们统一身着纯白色时装登场，在经过紫外线照射后，显露出原本的色彩和印花（图2-37）。

Coperni品牌2023春夏系列发布秀上，名模Bella Hadid尽展曼妙身躯，两位设计师用一种名

为Fabrican（喷罐面料）对她的身体一阵龙飞凤舞的喷涂，几分钟后，覆盖在模特身上的光泽液体逐渐干燥，变成一种白色哑光面料。随后，服装设计师直接在模特身上进行了一番徒手操作，顷刻之间，一件与人体体形完美结合的连衣裙跃入观众眼帘，真可谓鬼斧神工、天衣无缝。这种神奇的"喷罐面料"，是西班牙设计师马尼尔·托雷斯所发明，是用棉纤维、塑胶聚合物、可溶解化学成分的溶剂组成。这种混合物接触皮肤后很快干燥，棉纤维形成一件合体而无需缝纫的衣物，能脱下来洗涤，并再次穿着使用（图2-38）。

近些年，数字化虚拟现实的概念和技术被运用到服装表演中。全息投影技术的运用也反映了表演的科技性特征。全息投影技术又称虚拟成像技术，它是再现物体真实动态的一种多维图像的技术；是采用一种特殊的全息屏幕配合投影，再加以影像内容来展示产品的一种推广手段。服装表演由T型台构造的表演空间是三维化的，加入全息投影之后表演就成四维化的。观众所看到的流动性镜头画面一般由多视角、多构图的画面组成，它丰富并提高了舞美设计者提供的场景空间，在表演中将各类素材进行重组构建，控制舞台的造型转换及内容切换，为观者呈现出一个虚拟的秀场场景。

图2-37 ANREALAGE2023秋冬系列

图2-38 Coperni2023春夏系列

第五节　服装表演的艺术魅力

服装表演是服装动态展示的一种形式，是一种以真人作为载体展示服装穿着效果的舞台表演形式。它是一门综合性的艺术，既是服装文化的衍生行业，也是可以独立加以欣赏的艺术门类。随着社会的发展，服装表演现在已呈现多元化、丰富多彩的局面，它已成为体现现代人审美情趣、审美理念的艺术形式，有着自己独特的语言魅力。

一、服装表演的艺术审美特性

（一）服装表演艺术具备了较强的形式美感

服装表演虽起源于商品化的社会经济活动，但随着社会的发展和人们审美观念的变化，服装表演已成为一种审美活动。审美主体对美感的获得依赖于服装表演具体生动的可感知性，服装表演是对服装最有形有质的描述手法，观众从中可得到无尽的美感享受，因而，服装表演已具备了较强的形式美感特征。

服装表演艺术作为一门综合性的艺术，体现出的艺术性美感可以满足人的审美需要，对人的精神生活产生一定的影响。服装表演中的艺术性不是对各种艺术要素的简单相加、机械拼凑，而是把这些要素有机地统一为一个艺术整体，形成一种具有审美价值的独立的艺术样式。各个艺术成分必须服从于服装表演自身的美学原则，对艺术形象进行典型塑造，并统一于整个表演中，更好地展现服装表演艺术的和谐美。

服装表演是一门综合性的艺术，包含了众多造型艺术的设计语言和设计手段。组织一台服装表演需要服装、音乐、舞美、灯光、模特和编导创意等各个部门的紧密配合才能完成。一台经过经心设计组织的表演，在其内在构成要素、构成关系上具有较强的美学特征（图2-39）。

（二）服装表演以人体作为表现手段来反映服装特点

服装作为一种文化，被认为是时代发展的见证，但是任何精美的服装摆在橱窗里只是静止的物品，是没有生命的。一件衣服由于穿的行为才现实地成为衣服。也就是说，服装只有穿在真人身上，才会得到立体的多角度的展现，才有了其真正的涵义。服装表演以模特作为服装的载体，

图2-39　秀场的形式美

在表现过程中最主要的因素是人体语言能力的展示。模特的形体表现力是通过舞台表现出服装设计师的情感、智慧和想象力，展示时装的色彩、线条、造型和质感，使服装成为有生命的形式。因此，模特的表现能力至关重要。优秀的模特能在"展现"与"呈现"之间表现得游刃有余，迅速而精准地创造一种向上、持重、永恒的模特艺术形象，使时装表演得到升华。因而模特走台必须进行科学训练，使头、颈、背、肩、手、腰、胯、腿、脚等各部位的动作协调起来。

（二）服装设计美

服装设计美是整个服装表演中不可分割的一部分。只有模特的自身美是不够的，服装模特造型美中重点强调的就是服装，无论是模特表演还是造型，都是为了衬托出服装这个主体。服装设计是一个艺术创作过程，是设计师通过对材料、图案、纹理、质感、色泽等多种元素的综合搭配完成艺术构思表达，最终确定不同服装风格和服装形式的过程，包括结构设计、规格设计、造型设计等，对服装生产工艺和裁剪缝制准则有较高要求。服装设计完成后的推广则主要依托服装表演，凭借模特的舞台经验和自身文化修养、艺术内涵、形体姿态等表达服装的内涵、风格和形式。因此，服装的意境、个性、神韵及艺术特色是服装表演的决定性影响因素，对服装表演的音乐设计、舞台设计、造型设计具有重要的意义。这就要求服装设计师除了具备专业的服装设计艺术基础和构思手法，还要有丰富的舞台辨识经验，能够将服装设计与服装表演完美地融合起来。

服装造型是服装设计中最重要的一部分，既包括服装廓型设计，又包括服装内结构的设计。服装造型的设计也要遵循美学的基本原理，首先就要达到协调、平衡，使人能感受到整体造型的协调一致，然后再着眼于局部的特征。服装造型是使服装能够达到稳定性的前提条件，这是服装设计的基本原理，无论是对称的平衡，还是不对称的平衡，服装与模特一样要求比例的均衡、结构的协调，尤其是运用线条、色彩或是面料来设计服装造型时，所设计的服装要表达出韵律感，可以乱，但要乱中有序。有很多看似无规则的服装设计通常都遵循着一个规则——要有服装的可

穿性，无论是设计得多么夸张的服装最终都要能够穿着，才能成为服装。

造型是服装的骨骼，如果没有好的骨骼其他的都只是纸上谈兵。只有美的服装才能让模特表达出服装造型的美和艺术效果。因此，服装造型是服装设计中的各个构成因素的有机联系。同样，在服装表演中，也需要通过造型来进一步强化服饰之美，所以模特在表达服装的时候，首先要看服装的风格，是礼服类的还是运动装；其次要看服装的造型，如礼服类的鱼尾裙造型表达起来是要步态扭捏的，而休闲类的哈伦裤在步伐上则要表现出活跃之感。

服装表演这种类型的审美活动不同于其他类型的艺术审美活动，其中的一个重要方面就是服装与模特不能够单独地被当作审美对象，服装只有与模特的表演完整地相互结合在一起才能构成有机的整体并作为审美对象。

（三）人物造型美

服装表演人物造型美，除了包含人物表现造型美，还包括化妆造型美。黄金比例的身材、端正的五官与时装恰好产生了协调，就能表达出时装设计的灵魂。而搭配的妆容与形体的展示更对时装设计的表达锦上添花。著名画家陈丹青说过这样一段话："高级时装模特就像是金丝雀，一种珍稀的物种。"意思是说优秀的时装模特是稀缺的，先天的自身条件很重要，比如模特的身高、头部与身体之间的比例以及个人的表现力。一个可以成为职业模特的人，首先要具备好的、优秀的身体条件，也就是形体所具备的外在条件；其次要拥有可以控制的身体能力的内在条件，也就是通过后天训练和学习得到的表演技能。

1. 人物表现造型美

（1）服装模特的静态造型美

服装表演造型美也可以说是借助模特本身的形体条件优于常人的这种距离感和优越感，再加以异于生活化的妆容与服饰，形成一种形象上的距离美。所谓距离美就是人与人之间在自然环境状态或者是心理状态中存在适当的距离，这种距离会给对方留下美好的感觉。在服装表演时依赖灯光、音乐的辅助以及T台在高度上与观众之间的距离，营造出了与现实生活有一定距离的美好印象。

模特静态造型同样也会体现出距离美。服装在静态展示的时候，只需要模特的静态造型的塑造，在静态造型中模特需要靠特定的肢体语言来完成对服装造型的意味的展现。模特静态造型的完成，一方面可以使服装带给观赏者新的视觉效果，使其体会服装的色彩协调搭配以及外在形式的协调统一；另一方面也可以凸显服装的表情效果，不同服装的色彩配以特定的造型和表情，所发挥出色彩的表情效果引领欣赏者进入美的境界，沉醉于模特的造型与服装设计的完美结合。因此，高级的服装模特通过静态造型诠释出服装造型设计的美。

（2）服装模特的动态造型美

模特表演的动态造型美主要是靠模特的形体造型在T台上表现出的美，体现出美学中的形式美的因素——多样统一，也就是说模特表演的造型美就是模特形体上的变化与统一的协调。有人曾经这样说过："模特之美原本就是造型协调之美。"这句话具体的解释就是说模特身体的各关节与肌肉之间比例要协调，神态举止与面部表情也要协调，同时服装与模特之间要构成协调，秀场环境与模特之间也能产生协调感，只有这样才能产生模特表演的整体造型美。模特表演的造型美是通过模特形体造型训练来一步步形成的。形体造型训练分为头部造型、手型与手位、脚位、站立姿态以及多人造型组合等几个方面。模特通过长时间的站立、走台、定位等一系列训练才能够达到肢体协调、步伐与音乐旋律相协调。初次接触模特表演的人，只有好的先天条件是无法达到上T台表演的标准的，更不能真正传达出服装表演所蕴含的美。所谓美，应该是大多数人都能认可的，如果只有少数或是极个别的人认为的美在大众眼中也只能称为个性。因此，如果模特通过造型能传达出"出水芙蓉的美"，一种自然清新的美，能够给欣赏服装造型设计之美的观众以回味无穷，那样才真正传达出服装的艺术效果。

模特在时装表演中从后台走到前台的表演，其身体造型具有丰富的表达感。走台时，略微夸张的走台步伐与音乐结合形成独特的节奏感；定位时，模特可以用身体来表现其展示的服装所需要的鲜明的曲线造型和表情的巨大张力。模特的身体造型赋予所展示的时装以灵魂，并且能够扩

大观众对服装造型细节的注意，这种表演会给观看演出的人们以深刻的印象。例如，手叉腰部的造型会使多数人的注意力先集中在服装腰部的细节设计和结构设计上；而背部的定位造型则可以表现服装整个背部细节的处理。模特表演造型与服装是密不可分的，尤其是与服装的造型结构融合一致，才能传达出服装之意味。

2. 人物化妆造型美

服装表演人物化妆造型不同于一般化妆的概念。化妆可以称为"用脂粉等打扮容貌"，而人物化妆造型作为舞台演出艺术的造型手段之一，用油彩、脂粉、毛发等制品修饰且装饰模特，使模特符合舞台演出及服装整体气氛的需要，并更好地诠释出服装所需的精神。人物化妆造型是一种造型艺术，是艺术的夸张，带有强烈的艺术感。

人物化妆造型，无论是化妆目的还是化妆技法都与日常生活妆容有着本质的区别。随着经济和文化的发展，现代人的审美水平日益提高，人们已经不仅仅满足于适度的美化，因此，人物化妆造型也越来越具有特色，有些甚至运用非常规的材料和化妆手段来塑造形象，比生活妆容夸张许多，使模特成为众人关注的焦点。

从狭义上理解，化妆仅仅指面部的修饰。从广义上来看，化妆就是利用化妆材料与化妆技法来装扮整个人体，以适应特殊的需要。舞台中的妆型以满足演出需要、符合服装风格为主要目的，通过改变、弥补、修饰模特的外在形象和气质特征，使其达到与服装整体气氛的和谐，更准确地突出表演的内容和主题。同时，化妆在模特身上所产生的形式美，作为刺激物的信息，直接作用于观众的感官视觉，引起审美共鸣，加强视觉造型的表现力，渲染烘托氛围，引领着流行趋势。服装表演人物化妆造型注重的是视觉效果，无论是色彩还是造型，都要表现出不同秀场的特定风格，表现出不同服装的精髓。

人物化妆造型的确定是服装设计师与彩妆、发型设计师沟通后的结果，与服装的文化背景、创作灵感等方面融合，衬托出服装设计的理念。通过对服装精神的解读，可以更好地表现出服装的内涵，对服装整体造型起着画龙点睛的作用，同时传播着设计师的理念。正因为如此，

第三章

模特的职业概述

第一节　模特的分类及其特点

"模特"英文名为"model"，当代时尚产业所指的"模特"和源于古希腊用于绘画的人体模特没有什么关系。模特主要是指担任服饰艺术展示、时尚产品推广、品牌广告宣传的人（图3-1）。当人们在杂志、报纸、路牌广告、T台以及电视上看到模特时，发现他们有时亲切、有时冷酷、有时傲慢、有时宁静、有时热烈、有时奔放。模特这一职业也逐渐成为年轻人向往的职业之一。

模特这一职业是需要在体形、相貌、气质、文化修养、职业感觉、展示能力等方面具有一定基础和条件的。根据模特工作的内容及用途，模特可分为5类：时装模特、商用模特、内衣模特、试衣模特和"部件"模特。

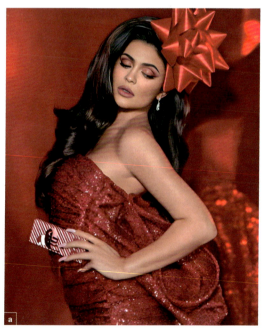

图3-1　职业模特

一、时装模特

时装模特是指运用形体、动作、表情、神态等肢体语言以及表演技巧，表现服装的款式和内涵的模特。这里指的时装模特就是天桥模特，又称步桥模特。这类模特是最常见的模特，也是人们普遍了解的模特，他们是赋予服装灵性的活动衣架。在行业内，服装展示模特的需求量最大。一般而言，时装模特的主要工作是参与时装的表演，或是动静态的时装广告的拍摄（图3-2）。

时装模特为什么被称为"活体衣架"呢？这是因为世界各国的设计师都按同一标准尺寸制作样衣，使得标准化的模特都能穿着展示。因此，模特的身高、三围、体重、比例等这些形体条件都必须符合这个标准尺寸。服装展示虽然是一种无声的表演，但模特可以通过肢体语言、表情与观众进行交流。所以，模特还需要掌握熟练的走台技巧，能够演绎不同风格的服装。除此之外，模特需要具有团队精神，因为服装表演是一个团体表演的展示形式，需要共同维护，才能达到最好的效果（图3-3）。

二、商用模特

商用模特是指从事商业推广为主的模特，通常以广告拍摄为主要业务。其中商业模特又细分为平面模特、影视模特、会展模特、产品形象模

图3-2　时装模特1　　　　　　图3-3　时装模特2

特和电商模特等。平面模特主要以个人肖像、形体为主要的表现手段，用肢体语言和表情动作，为摄影师创作平面广告作品服务，或是为企业提供产品宣传。该类模特的工作内容主要以平面拍摄、镜前动态展示为主（图3-4）。

影视模特是指专为电视、电影、网络等媒体及单位，提供影像拍摄服务的模特。对于影视模特来说，身高不一定很高，但其比例和形象一定要好，并且还要有较好的表演技巧。影视模特的表演技巧，与时装模特的要求不同，影视模特的表演技巧接近影视演员，要求模特在镜头前以动态的方式和连贯的动作、表情进行表演展示，此类模特以拍摄影视广告为主（图3-5）。

图3-4　平面模特　　　　　　图3-5　影视模特

会展模特是指专为服装行业以外在会展现场进行产品推广宣传的模特，包含产品展销模特、汽车模特、房产模特、床品模特等（图3-6）。

商用模特中的产品形象模特是指品牌的形象代言模特，这类模特不仅要了解产品的特性，其一言一行还要维护所代言产品的文化形象（图3-7）。

电商模特顾名思义就是服务于电商平台，为平台的商家或品牌拍摄产品形象照或广告宣传片为主的模特。传统模特也可能承接电商业务，就像传统业务的广告大片与视频也可能用作线上的宣传一样，但电商模特则较少能跨界到传统模特的业务板块。电商模特基本以平面或视频拍摄为主，不分淡旺季，而在于商家和平台的需求，拍摄品牌的种类属性也不局限于服饰而是更加多元化，模特费用通常以拍摄的套数或时间来定价。目前随着线上电商产业的兴盛，电商模特的需求量激增，大量的传统模特正在转战电商领域，扩充了电商模特队伍的

同时也提升了电商广告的专业值。

对于商用模特来说，外形的俊美、体态的优美十分重要：一般商用模特女孩要求在165 cm以上，男孩则要求在178 cm以上。要求女性商用模特的外形轮廓有一种流线形的美，应具备圆润感和流畅感，同时不缺乏健美的力度。无论人体肤色是哪种类型，都应具备健美、滋润、光滑和富有弹性的肤质。模特的皮肤细腻度，及皮肤的颜色直接关系到模特被使用的频率。而男性商用模特则要五官立体、结构分明，符合当下流行时尚（图3-8a）。

对于商用模特，除了外部形象的要求，对专业素养也有要求具体包括：首先，要求商用模特镜头感强，拥有熟练的表演技巧，丰富细腻的面部表情和生动的肢体语言，在工作过程中能熟练运用各种表现手法。

其次，商用模特要善于和摄影师交流，体会作品的意图，能在工作时融入自身的构思，准确传达产品的理念及特性（图3-8b）。电商模特则

图3-6　会展模特

图3-7　产品形象模特

图3-8　商用模特

需要足够上镜和有表现力，其表演更加生活化、动作、表演、眼神、笑容更加随意、自然、贴近生活，大多能够在拍摄实践中学习成长。因为拍摄数量过多，有的资深电商模特甚至可以做到程序化的肢体语言与面部表情输出。

最后，商用模特还需了解时尚行业需求，遵守行业规范，善于在合作中与人良好沟通。

三、内衣模特

内衣模特是随着服装潮流发展衍生出来的一个职业，是指那些专为内衣类产品进行展示、为内衣广告做宣传推广的专业模特。内衣模特对于形体的要求很高：第一，体态匀称、全身无赘肉；第二，整体皮肤健康、有光泽、无疤痕；第三，臀部丰满、上翘，具有鲜明的女性特质；第四，胸部挺拔、丰满，内衣尺寸一般在75B以上（图3-9）。

美国超模克莉丝蒂·杜灵顿，于1987年首次担任CK的模特，在2013年5月再度担任CK广告模特。她完美的身形为品牌的推广起到了很重要的作用。她所拍摄的广告片给人充满活力和健康的视觉印象，成为内衣广告界的经典之作（图3-10）。

四、试衣模特

一名试衣模特，并不需要有传统模特那样175cm以上的魔鬼身材，相反，试衣模特的身高不一定很高，能反映大众身材的模特往往更符合职业要求。试衣模特身材必须符合一定的标准——胸围、腰围、臀围、颈围、上下身比例、乳房位置等要求都很严格。试衣模特的

图3-9　内衣模特　　　　图3-10　克莉丝蒂·杜灵顿拍摄的CK
　　　　　　　　　　　　　　　内衣广告

图3-11　试衣模特

同时能准确表述所试穿服装的问题的模特。试衣模特必须具备良好的职业道德，不能将设计师还未发表的作品或产品泄露出去。

在国外，试衣模特的客户使用率较高，是名牌服装公司的必备模特，他们一般按小时计费；但在国内，由于试衣模特这一职业还没有被广泛认可，因此在服装公司的使用率较低。

标准是根据服装的尺码来决定的，要求模特必须符合一个特定的标准服装尺码。当然，不同风格的服装对试衣模特的身高要求也不一样，许多服装企业选用的试衣模特，其身高为155～170 cm。和一般的模特相比，对试衣模特的相貌没有太多的要求，试衣模特无须长得十分"光鲜"。因此，即使是长相一般的人，也有机会跨入这个特殊的模特行列（图3-11）。

试衣模特的作用是用来检验服装的最初效果，因此必须要有一定的专业素质。试衣模特要对服装知识有一定的了解，能帮助设计师体现设计的灵感。对于试衣模特来说，除了具有合乎标准的身材以外，优秀的试衣模特还能凭借经验提出流行的可能性，他们是服装设计师的参谋。受设计师喜欢的往往是那些服装鉴赏能力较高，

五、"部件"模特

在时尚界，由于一些产品的拍摄只需要人体某部分肢体作为载体，不要求模特的整体体态和形象，只要求局部有展示的价值。因此，就产生了"部件"模特。包括手模、腿模、嘴模、耳模、腰模、臀模、胸模、脚模、脸模等。例如，腿部模特常用于丝袜、鞋、健身等广告的拍摄；唇部模特常用于拍摄口红、食品等产品广告；耳部模特用于拍摄饰品、电子产品等广告。此类模特跟平面模特的区别不大，这类模特也会经常出现在杂志或是广告上，但他们只展示局部，而平面模特展示的是整体。可以说，部件模特就是平面模特的一个分支（图3-12～图3-16）。

随着互联网电商的飞速发展，服装行业的线下业务萎缩，线上业务增多，有部分模特现在专注于电商拍摄，成为拥有流量的网红模特。有的模特甚至转行做电商主播，职业模特本身就是特殊的那群人，具备独特的形象与气质，奔波在时尚科技前端的产业，接触品牌与行业较广，对产品的认知也较深，面对镜头舞台时自信不怯场，如果能说会道、语言表达能力突

图3-12　手模　　　　　　　　　　　　　　　　图3-13　脸模　　　图3-14　唇模

· 服装表演概论 ·

图3-15 腿模

图3-16 耳模

出，那绝对是电商主播的最佳人选之一。反过来作为职业模特，也会因为自身关注度、知名度、粉丝量的提升而更受商家与品牌的欢迎。与时俱进，借助互联网这个大数据T台与影棚，能够有更大能量做好产品的展演与促销，未来的模特行业一定会发生更大的变化。

如今，与时俱进的模特行业已经不像原来那样机械地把职业模特严格进行分类，因为模特的生存形态越来越多元化，这对于模特来说，意味着就业市场越来越大，对职业技能的要求也会越来越高，而模特对个人品牌的打造与经营也将更为重要。

第二节　时装模特形体标准及测量方法

一、时装模特形体标准

时装模特是我们常见的模特类型，是运用形体、动作、表情、神态等肢体语言，以及表演技巧，表现服装的款式和内涵的模特。模特的形体美主要体现在骨骼形态、头身比例、上下身差、肩宽、三围等方面。

国际统一模特身材标准为：女模特身高178（±2）cm、胸围88（±2）cm、腰围60（±2）cm、臀围90cm以下；男模特身高188（±2）cm、胸围100（±2）cm、腰围75（±2）cm、臀围95（±2）cm（图3-17）。近些年，随着流行时尚的变化，男模特流行消瘦有型，体重要求控制在67 kg以下。

时装模特的头部外形以娇小为佳，头的正面与侧面外形以立体感为时尚。娇小的头型会拉长模特的身材比例，使其身形显得修长（图3-18）。模特的脸型以长方脸或瓜子脸为时尚（图3-19），因为正方脸与圆脸都会与修长的身材不和谐。模特的五官应端正，鼻梁挺直，唇型圆润分明，目光明亮，五官应有明显的个性特征和独特魅力。

女性模特的颈部应长而挺拔（图3-20），线条优美，长度应在1/3头长以上。女性理想的颈部围度是31～33 cm，理想形态是两侧对称、比例适中、线条流畅、皮肤光滑。男性理想的颈部形态是颈部斜方肌结实，有线条感，对称且比例适中。

对于躯干部位则要求模特骨骼发育正常（图3-21），躯体脊柱无异常弯曲（如驼背、拱背）。时装模特不仅要有高挑的身材，而且要身体线条匀称且具有骨感，站立时挺拔、稳健。模特体态应匀称、协调，形体轮廓清晰，整体线条起伏流畅。女模特乳房丰满不下垂，腰部细而有力，臀部上翘不下坠；男模特胸肌圆隆有型，强调肌肉线条及力量感，整个体形呈倒梯形为佳。随着流行时尚的变化，近些年男模的选拔逐渐由阳刚健美型向体形消瘦有型的类型转变。

女性时装模特的肩部应对称，脖颈衔接处圆润、丰满，不上耸或下塌，锁骨窝略显丰盈，

图3-17　模特标准身材

图3-18　"维密"超模

图3-19　模特的脸型

图3-20　女性模特的颈部

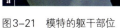

图3-21　模特的躯干部位

图3-22　女性模特的肩部

肩部肌肉丰而不腴，有亮度、有质感、有弹性，以突出其优美的曲线（图3-22）。

　　模特的四肢以修长、粗细均匀、线条流畅为佳。腿部形态应笔直，小腿长度应大于大腿长度，小腿富有力度；腿形的优美形态对于时装模特非常重要，如果大腿或小腿过于粗壮、腿部中线外扩都会影响腿部的美感。在面试中，常会有人因大小腿过粗、腿部为O形或X形而落选（图3-23）。同样，模特手臂应粗细均匀，大臂不能松弛有赘肉，臂长以两臂自然下垂时，手的中指尖到大腿的1/2的长度处为佳。根据对世界超级模特身材的数据调查得出，一般体态优美的模特们，他们的上臂围尺寸是腕关节围尺寸的2倍左右（图3-24）。

　　手和脚是模特在工作中经常有意无意间展露出来的细节部位。较好的手形应该是手指修长纤细，皮肤细腻、白皙而富有弹性；指甲修剪精细，手指关节粗细适中，略带骨感，双手灵动多姿。脚形无骨骼变形，走路时无内八字或外八字现象（图3-25）。对于时装模特的面部形象来说，相貌虽然不像身材那么突出，但也是十分重要的外在因素。时装模特的面部结构应该分明，脸部轮廓清晰，脸型不宜太宽，五官端正是最起码的要求。时装模特不一定十分漂亮，但一定个性特征突出。五官的比例符合基本"三庭五眼"的标准比例关系。在服装模特的影像拍摄、动态展示等工作中，我们不难发现，面部比例标准的模特符合大众的审美情趣，并能产生令人愉悦

图3-23　模特的四肢

图3-24　模特的手臂

图3-25　模特的四肢

图3-26　模特的面部结构

的审美感受。而男性时装模特应容貌轮廓清晰、五官具有辨识度（图3-26）。

　　除此之外，模特的气质与"衣着感"也很重要：作为一名模特，仅有良好的身材和五官是远远不够的，只有具备了良好的气质，才能烘托出美妙的时装。对于模特来说，时时注意自己的内在修养和外表仪态是十分重要的。一个人的修养、气质、风度与文化水平有着密切的联系，人们对时装模特的印象往往是"风度翩翩、高雅大方"的，而这一切都源于模特文化素质水平。没有较高的文化水平，没受过良好教育的人很难表现出高雅、大方的气质与风度。文化水平的提高，对于模特专业技术的提高、业务能力的加强、接受能力的扩展都是十分有益的（图3-27）。

　　像音乐人要有"乐感"，舞蹈演员要有"韵律感"一样，时装模特要有"衣着感"。所谓"衣着感"就是模特穿上衣服后的整体感觉。我们平时说某个人穿什么衣服都好看，就是说这个人的衣着感好，是个好衣架。一位衣着感好的模特，可以融于任何一件时装作品，对于服装有较好的兼容性，可以表现出这件作品所特有的风格和韵律。随着模特经验的不断丰富和提高，其衣着感也会有一定程度地提高。衣着感好的模特，对于服装会有一种良好的直觉判断，能将肢体语言与服装融为一体，在舞台上呈现较强的展示能力（图3-28）。

二、时装模特形体的测量方法

　　在测量体重时，要求被测者只穿内衣，平稳地站在体重计上，测量误差不得超过0.5kg。作为模特，最好自备体重计，坚持每天清晨空腹测量，定期监测是模特控制体重的较好方法。

　　在测量头长时，首先要把模特的头发全部向后梳起，让脸部的轮廓线露出来，这样就能够更清晰地判定脸形，再拿尺子由头顶到下巴，测量垂直距离即为头长的数据。

图3-27　模特的气质　　　　图3-28　模特的衣着感

在测量脂肪厚度时，被测量者直立，两臂自然下垂。测量者在肩胛骨下5cm处或上臂部、腹部等处，将皮下脂肪捏起，与身体呈45°角，用卡尺量得的数值即为脂肪厚度。

在测量胸围时，模特直立，双臂自然下垂，肩部放松，正常呼吸。测量人员测量经肩胛骨、腋窝和乳头的最大水平围长。测量时均匀呼吸，保持平静状态，不可过度吸气挺胸或呼气含胸。

在测量腰围时，模特保持直立，双腿并拢，正常呼吸，腹部放松。测量人员测量胯骨上端与肋骨下缘之间腰际线（即躯干中间最细部位）的水平围长。测量时均匀呼吸，不可过度呼气与吸气、收腰，以免影响测量结果。

测量臀围时，模特直立，双腿并拢，膝盖夹紧，正常呼吸，腹部放松。测量人员测量臀部最丰满处的水平围长（图3-29）。

测量肩宽时，模特直立，双臂自然下垂，肩部放松，头部面向正前方。测量人员测量左右肩峰点（肩胛骨的肩峰外侧缘上，向外最突出的点，即肩膀两侧骨骼最外侧位置）之间的水平弧长。测量时不可过度扩肩或含肩，以免影响测量结果。

测量臂长时，要求模特的手臂自然垂向地面，将皮尺从肩部垂直下拉至手腕关节处，即可得出臂长的数据。

测量上臂围时，模特直立，手臂自然下垂，测量人员测量肩点和肘部中间处的水平围长。

测量大腿围时，模特直立，两脚分开与肩同宽，腿部放松。测量人员测量紧靠臀沟下方的最大水平围长。

测量小腿围时，模特直立，两脚分开与肩同宽，腿部放松。测量人员测量小腿腿肚最粗处的水平围长。

测量踝围时，模特直立，两脚分开与肩同宽，腿部放松。测量人员测量紧靠踝骨上方最细处的水平围长。

测量上、下身差时需将上身长与下身长分别量出。

首先测量身高时，模特直立，赤足，双腿并拢，膝盖夹紧，头部面向正前方，身体站直背贴墙面，挺胸。测量人员用硬直尺压平头发至头顶骨骼处，测量头顶到地面的垂直高度。测量时不能塌腰、翘臀，要保持腰背自然挺立状态。

测量身长时，模特直立，双腿并拢，头部面向正前方。测量人员测量自第七颈椎点（即低头时颈椎下方明显的突起位置）至地面的垂直距离。测量时不能塌腰、翘臀，要保持腰背自然挺立状态。

测量上身长时，将皮尺垂直于地面，自颈后第七颈椎点下拉至臀、腿之间的臀线。测量下身长时，模特直立，双腿并拢。测量人员测量自臀褶线至地面的垂直距离（图3-30）。

体差比例：下身长 - 上身长。通常对于专业模特的形体要求是上、下身差为15 cm以上。

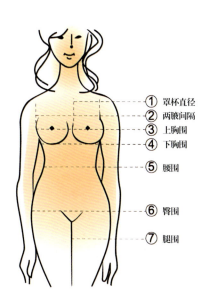

图3-29 三围的测量

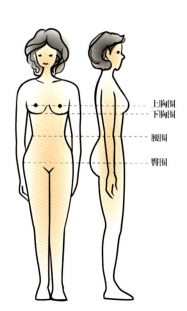

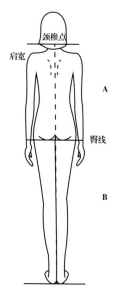

图3-30 上下身差的测量

性，细致观察并充分展开想象。艺术鉴赏还可以强化模特的创造力，这是因为艺术鉴赏蕴含着鉴赏者在审美体验中进行审美再创造的过程。

3. 塑造个性和人格

欣赏并品味艺术作品的精妙，对于模特的情感、意识、思想乃至世界观都会产生一定的影响。艺术鉴赏可以提高模特的审美能力，修正审美观念，对于模特品格的培养也有不可忽视的作用，因为高尚的道德情操与高雅的艺术趣味是紧密相连的。

4. 培养艺术思维

艺术鉴赏可以使模特产生体验的丰富、情感的起伏、层次的多元，能升华并丰富对艺术作品、对艺术本身以及对自我的认识，逐渐形成艺术思维。艺术鉴赏让思维沉浸在艺术氛围中，接受艺术的熏陶，让精神层面更加多彩，时刻感知艺术的魅力。

（六）基础文化知识

在人们的心目中，只要有较高的身材、漂亮的面孔就可以成为一名好的模特。其实，这种理解是片面的。没有良好文化底蕴的模特很难在舞台上呈现出好的服饰形象。现如今，服装表演作为高等院校的一门专业，人才培养的目标已经走向创新性、国际化的高级应用型人才的培养。在时尚行业，模特从业队伍里愈来愈多的高学历职业模特出现。模特在进行服装表演、形象设计、服装产品推广等相关工作时，应表现出一定的人文素养、美学素养和艺术素养。事实告诉我们，一名文化基础良好的模特，能够更好地理解服装所要传达的理念。这便于模特形成自己的个性，职业道路相对来说发展更为顺畅。

二、模特应具备的专业能力

模特的专业能力包括自我形象管理能力、舞台表现力、想象力、理解力和适应力。

（一）自我形象管理能力

一提到模特，首先浮现在我们脑海里的关键词就是高挑、修长。因此，模特的形体条件是成为一名职业模特最重要的因素。拥有好的

体形，是模特们走上成功之路的基础和必要条件。模特需要加强对自身的形体管理，通过艰苦的形体训练、科学的膳食，达到理想的形体标准。除此之外，还要具备持之以恒的毅力，才能将形体的最佳状态长期地维持下去。

（二）舞台表现力

模特的表现力是指模特运用人的肢体语言来表现不同的时装风格、主题、立意、特点的综合动态表现能力。服装表演是一种高水平的非语言沟通形式，模特是服装的载体，模特用身体语言来展示服装内涵。因此，模特要进行科学的技能训练，使头、颈、肩、背、腰、手、臂、胯、腿、脚等各部位的动作协调起来，具备表现的控制力、爆发力和柔韧性，这样才能在表现过程中拥有良好的肢体展示能力。

比如在这组时尚拍摄中，刘雯使用不同的肢体表达方式，诠释了不同风格的服饰。她身着灰色格纹阔腿裤套装，采用直线形站姿，双腿分开，双手环抱在胸前，头部微侧，尽显率真、干练，看起来气场十足；而白色的套装使刘雯看起来更为冷艳。她选择侧身造型，手部插兜，四肢的形态与服装完美融合，微扬的下颌与冷傲的眼神表现出服装的高雅（图3-31）。

（三）丰富的想象力

丰富的想象力是指模特进行艺术构想时的形象思维能力，是模特不可或缺的能力。丰富的想象力可以给模特插上翅膀，因为不同的服装有不同的主题风格，模特运用丰富的想象力，可以为观看者带来完美、生动的表演，从而充分展现出服装的主题。模特展示的每组服装都有不同的风格、造型。作为模特，要深刻理解每套服装所要表达的艺术主题，就要想象自己置身于舞台中央时，所要运用的表情、造型、步伐，以及如何运用其他肢体语言来展现服装。

（四）理解力

理解力即逻辑分析能力，主要包括模特对所展示时装的理解，同时也包括对音乐的理解、对编导或设计师意图的理解等。模特理解力的强弱，将直接影响到展示的效果。这要求时装模特在上台表演之前，就能够正确地了解掌握

穿着的服装的风格特性，设计好重点展示部位的动作，以便在时装表演时，能够充分地展现时装的美。

（五）适应力

模特还要有较强的适应能力。适应力是指模特适应环境的能力。时装表演的组织者为了达到不同的演出目的，经常会选择不同的表演地点，每个场地的环境、气氛、设施都会各有不同。面对这些不可抗的因素，模特必须自己去适应，要有克服困难、适应环境的能力。要有过硬的心理素质、良好的精神面貌及职业道德操守，学会适应现场环境的变化，锻炼自己的心理承受能力。

三、模特应具备的职业素质

职业素质包含沟通能力、社交能力、创新能力。模特在工作中，想要完美地演绎服装，达到整场演出的最佳效果，就不可忽视与设计师沟通交流的环节。通过交流，设计师将服装创作的理念传达给模特，模特也能通过自身较好的沟通能力讲述自己对服装的感受，最终与设计师达成一致。当下，模特的工作越来越国际化，需要模特具备一定的英语听说能力，良好的沟通能力会为模特职业的发展奠定基础。

模特是时尚界的宠儿，大部分的模特在工作时，会经常与媒体打交道，或是出入各种社交场合。衡量一个模特能否适应现代社会需求、市场需求的标准之一，就是看他是否具备善于与他人交往的能力。模特必须懂得各种场合的礼仪、礼节，善于待人接物，善于处理各类复杂的人际关系。模特在平时要注意培养自己的良好性格、学识修养、儒雅风度，在社交活动中要热情、自信，同时注重仪表、举止，在面对媒体或是在社交场合时，应面带微笑，运用温和、幽默的语言处理各种事务。

模特的创新能力，要求模特在舞台表演方面具有一定的创新性。具体表现在模特在舞台表演中运用创造性思维，产生新的思想、观念，使肢体有创意的能力，具有较强的舞台表现力。时尚是与时俱进甚至超前的，模特的表演技巧和意识如果一成不变，注定会被时代淘汰。

图3-31 模特的表现力

第四节 模特的职业道德培养

一、认真的态度与敬业精神

模特要珍惜每一次试镜机会和表演机会，在表演前认真做好准备，以积极合作的态度对待每一位客户和表演中的工作人员。随着流行风潮，市场在不断变换对模特的标准和要求，即使是那些已经小有名气、成绩斐然的模特也不能躺在已获得的成功簿上，静待客户上门。挑战无处不在，每次面试都是一次严酷的竞争。模特行业每年都会涌现一大批新人，这种后浪推前浪的势态，促使模特必须要用认真的态度对待自己的工作。

敬业精神是模特最基本的职业道德。概括地讲，模特的敬业精神就是遵守行规、刻苦钻研、积极配合。敬业精神体现在对待工作的态度上，与模特的名气无关，身为模特就必须珍惜每一次工作机会。模特的工作不像工厂流水线上的工人，每天都在做重复的劳动。模特的每一次出场，只是形式上的重复，创意上却永远没有重复。因此，每一次表演、每一次训练，都是一次学习、提高的机会。"艺无止境，不进则退"这句话，非常准确地说出了模特在表演技能上的发展规律。从不断接受新客户、新工作角度来讲，模特要将新创意体现于艺术创作中。这就要求模特在每一次表演时，都要有敬业精神，以认真的态度去做、去体会。

模特的工作是责任感很强的工作，从模特开始担任这一产品形象起，就不仅仅代表自己，而是在为产品、为企业作宣传。模特的一言一行、一举一动都归属于他所创造的服饰产品形象，而不完全属于模特自己。因此在表演过程中，没有责任感和敬业精神，没有认真的态度和充分的思想准备，会导致表演不到位、缺乏新意。模特也会在专业技能上得不到认可，同时还会连累出资的客户。没有责任感的模特，客户不会再次选用，经纪公司也不可能再聘用。因为敬业精神的实质就是奉献，要为事业牺牲个人的利益，而成功恰恰是在这些投入、奉献、牺牲之中奠定的。

二、遵守行业规则，客观评价自己

模特在工作中，要能够协同他人共同完成工作，对他人公正宽容，具有准确裁定事物的判断力和自律能力等。

模特行业发展到现阶段，有一部分模特在没有技能、没有成绩时，可以规规矩矩地训练、演出，而一旦有了成绩，就把培养他的学校、团体看成制约他个人发展的障碍。作为模特，首先要看到周围的人为自己成长所做的付出，毕竟培养一名模特所花费的精力是巨大的。模特只有看到别人的劳动，公正地评价他人的劳动和自己的劳动，才能够正确地对待和把握社会所给的每一次机会。

其次，正确地评价、认识自我，保持平静的心态，是每个模特在自我成长过程中必须承受的考验。模特的成功在于机会和成绩的积累，这种积累不是单指等级上的。模特的成长，必须经历由初级到高级，由替补到主力这一过程。而在这一过程中，模特看重的，不应是每一场的出场价格，并以此作为衡量演出水平高低的唯一标准。模特应该重视的是演出本身对自己是不是一次难得的锻炼提高机会，表演是不是具有挑战性，能否带来技能上的更大提高。模特应该放弃眼前利益，不为金钱和虚荣所迷惑，正确认识自己，始终保持纯净的心态，抓住一切机会，磨炼自己。具有自主学习和终身学习的能力，不断地自省个人的知识、技能和态度，并进行总结、学习和提高，这才是模特这一行业取得成功的捷径和最大的资本。

三、团队精神与协作能力

模特的工作离不开合作，模特与模特的合作，模特与导演的合作，模特与摄影师的合作，模特与企业的合作。在这么多的合作过程中，不能以自我为中心，要有职业团队精神。形形色色的客户要求五花八门，模特如果没有团队与协作精神，总是从个人要求出发去衡量对方的一切是否符合自己的意愿，那不可能会有好的合作结果。模特在项目合作中，应能够自查、自省和自控，耐心倾听团队成员的意见，理解他人的需求和意愿。更准确地说，模特行业也是一种服务性行业。客户对模特的礼遇，不是因为做模特的能力有多大，而在于模特能为其企业树立完美的宣传形象。客户始终是模特的衣食父母，是模特事业的支撑者，模特没有任何理由在客户面前抬高自己。

号称模特界常青树的辛迪·克劳馥之所以有众多的崇拜者，年过30岁，仍在行业里长盛不衰。究其根源，不在于她的美貌，也不在于她的青春，而在于常人认为最不起眼的两条优点：一是她很守时，二是她很容易合作。凡是与她共同工作过的人，都一致称赞这两点。而这两点恰恰是一般出了名的人很难做到的。模特的出场费经常是按小时计算的，从某种意义上说，时间就是金钱。如果模特不守时，所有的人都要等他，都要因模特迟到而顺延整个排练或拍摄的时间。这种不尊重他人劳动的坏习气，是绝对要杜绝的。

四、心理素质与道德诚信

模特要有良好的心理素质。虽然每人天生的心理素质并不相同，但后天的锻炼往往会起决定性作用。有一些模特，由于心理素质不佳，在面对摄影机、闪光灯和照相机时，姿态生硬、表情呆板，走台动作变形，又从何谈及韵味呢？事实证明，通过各种舞台实践，可以提高模特的心理素养。

除此之外，特别值得强调的是模特对自己要有信心。时装模特不仅要展示服装，也是时尚的弄潮儿。她们不仅是服装艺术的代言人，也代表着社会审美的一部分，她们可能成为人们心目中的偶像，为女性所模仿。因此，表演者应该有信心，在心理上有一个制高点。

良好的心理素质会影响模特工作时的发挥，而道德形象会影响模特的命运。客户出资请模特为自己企业的产品做广告，目的是树立企业及产品的形象。此时的模特就变成了代表企业形象的载体，在客户眼中，模特既是职员，又是形象产品。所谓职员，就是希望模特服从企业宣传宗旨，服从工作安排，认真负责地完成任务。所谓形象产品，就是模特应该时刻不忘自己所代表的是企业形象，要认真准备、积极配合、圆满地完成形象创作，真正为企业产品树立过目不忘的艺术形象。试想，一个对工作没有责任感、不投入，对形象也没有任何创新、进取，生活上缺乏道德修养，在任何场合都没有基本文明礼貌的人，怎么能取得客户的信任，作为企业的宣传形象呢？

诚信不仅是一名模特的职业道德修养，更是一个普通人应该具有的最基本的道德。很多没有签约模特经纪公司的模特，都是主动去寻求工作机会的，而客户对模特第一个要求就是有诚信。不守信用是模特这一职业的大忌，但凡有一次没有恪守诚信，并损害客户的利益的行为，那模特的口碑将会大打折扣，职业生涯也可能会因此断送。模特在学习和工作中，应诚实、守信，恪守职业道德规范，按照职业行为准则，保守商业秘密，恪守相关的法律法规及职业安全健康标准。

作为模特必须懂得秉持优良的职业道德的人，会越来越受到全社会的尊重和赞赏，爱岗敬业、工作负责、注重细节的职业人格，不仅会受到时尚行业的肯定，更会得到全社会的推崇。

第五节　模特与时尚

一、时尚的概念

"时尚"一词源自对英文"vogue""fashion"的译读。"fashion"一词翻译成中文的界定是"在特定时期里流行并有可能随后改变的衣着、发型、行为方式等";在《现代汉语词典》中,"时尚"一词被解释为"某一时期的风尚"。即"时尚是指某种形式在特定时期形成的一种审美崇尚"。它涉及诸如衣着装扮、饮食健身、家居住房、出外旅行,甚至情感表达及思维方式。

目前,时尚已经渗透服饰、艺术、思想、语言等多种生活方式与消费领域,成为与大众精神诉求息息相关的社会文化现象。时尚是一个包罗万象的概念,它能够带给人们愉悦的心情、独特的感受、超凡的品位。同时,追求时尚也能够使人们的生活更加多姿多彩。

随着国际时装周影响的不断扩大,品牌时装发布会作为一种时尚风向标,对服装的文化与艺术的传播起到了极为特殊的作用。可以说,T台秀已经成为时尚流行的"晴雨表",而T台秀中的模特则备受时尚关注。

二、流行时尚与模特的关系

(一)时装模特作为时尚发布与流行的载体,时尚潮流决定模特的形象

模特是时尚的载体,也是一个品牌的首要载体。服装表演作为一种商业媒介,把产品信息从生产者传递给消费者,其演出目的就是宣传服装品牌、推销新款服装、打开销售市场。T台上流动的财富绝不是常人所能想象出的数字。1995年2月的纽约时装节上,一位意大利设计师耗资1200万美元请来欧洲顶尖模特举办了2场时装发布会,而他所得到的回报则是3.2亿美元的订单。模特成为了时尚传播的典型符号,是服装消费群体的从外在形象到内在精神世界的杰出代表(图3-32)。

强大的经济推动时尚的发展,而时尚业的发达又反过来促进经济的进一步强盛。任何一个时代、任何一个时尚行业的发展都离不开时尚代言人的形象推广。

模特在T台或是在日常生活中的形象也受到时尚潮流的影响。时尚信息的传递是快速的、实时的,模特也会接受着最新鲜、最前沿的时尚讯息,时尚潮流会影响模特在舞台上的形象塑造。20世纪60年代,摇滚乐发展到鼎盛时期,崇尚自由、年轻与离经叛道,"反传统"在那个年代成为时尚。其行为方式被当时的时尚圈不断模仿,被逐渐内化为新的时尚风格。这种反抗社会、背离社会的时尚文化直接影响了模特形象的选择,于是颠覆传统审美的崔姬(Twiggy)成为那个年代毋庸置疑的顶尖模特和传奇人物(图3-33)。

20世纪90年代中期,简约主义、病态美学、

图3-32　时尚模特

图3-33　崔姬

图3-34　凯特·摩斯

中性风格风生水起。受这些流行元素的影响，那种面部结构分明、身材骨感的模特一时成为主流。凯特·摩斯（Kate Moss）苍白的面容与骨感的病态美成为当时的时尚审美（图3-34）。由此我们可以看出，时尚传播中的模特形象体现了所处时代的时尚审美。

（二）时装模特的形象对时尚具有反作用，引导大众的审美潮流

时尚面孔作为时尚最具有诱惑力的元素，自然也是其不可或缺的符号之一。不同的时尚面孔有着不同的符号，传达出不同的时尚现象和文化，映射出不同的时尚流行趋势。通俗文化中的公众人物，如那些声名显赫的贵族、影视明星、名模、名媛，甚至时尚媒体的编辑们、政治要员等都逐渐成为人们模仿的对象。例如，20世纪50—60年代，提到玛丽莲·梦露，我们眼前便会习惯性地浮现出她那迷人的按住裙摆的动作、金黄色的头发、嘴边俏皮的黑痣、红润夸张的嘴唇。很长一段时间里，这些标志性的形象特征都成了时尚的代名词，并受到时尚女性们的效仿。

尽管有学者不断研究明星、权威人士、名人等给人们的生活方式和生活态度带来的影响，但是被他们所忽略的模特却在其中发挥着不可忽视的重要作用。不难看出，当今这些模特的时尚面孔，极大地影响着人们评判美丽形象的标准，并且得到更多时尚人群的争相效仿和追随。

在当今欧美时尚界的眼中，古典式丹凤眼是东方美特有的标志之一，因为在西方人的眼中，古典含蓄、神秘惊艳是东方美特有的元素符号，丹凤眼在回眸的瞬间所带出的东方韵味，恰恰符合了西方人眼中神秘的感觉。清新可人、活泼可爱、别具一格的中国女孩雎晓雯，拥有与生俱来的古典气质。她的丹凤小眼睛、宽眼距、薄嘴唇，严格说来雎晓雯的长相并不太符合传统的审美，但就是这样一张脸，却能让人过目不忘，活脱一个被夸张了的瓷人艺术品。雎晓雯民族化加国际化的面孔，获得了诸多品牌的认可，也为其拓展国际市场给予一臂之力。

备受各大国际知名品牌宠爱的模特杜鹃，也是这样一位带着古典味道的模特，细腻的皮肤、微翘的嘴唇，清冷又性感，杜鹃骨子里还透着东方的优雅与高贵，充满无法抵挡的贵族气质。

值得一提的还有曾经一度成为时尚界话题焦点的中国名模——吕燕，她独特的面貌颠覆了人们对于美的评判标准。那个长着小眼睛、塌鼻子、厚嘴唇、略带雀斑的女孩子，却在法

国得到很多时尚编辑、时尚摄影师的宠爱。她颠覆了国人对美的概念，也让更多人了解到东西方审美观的差异。国外媒体曾这样评价吕燕，一半是天使，一半是魔鬼。她既可以像天使那样笑得很灿烂、很纯真，也可以像魔鬼那样很酷、很野性。当人们将吕燕拍摄的时装照片摆在你面前的时候，你也会被她深深吸引。虽然她不是我们认同的传统美女，可是通过这样的外表依然可以看到我们希望看到的美好，传统文化里崇尚的真实。这种另类的美丽其实也符合人们对和谐之美的不懈追求。

随着文化的交流与融合的增进，模特的时尚面孔中已经逐渐包含了各种形象，如黑人模特的出现、国际秀场上越来越多亚洲面孔的出现都足以说明这一改变（图3-35）。

现在，许多的中国面孔也出现在国际舞台上，这是东方文化越来越被认可的表现之一，人们希望透过具有东方美的女性面孔，体会到几千年文化背后的力量。这也是世界文化多元化发展，并呈现融合状态的一种表现。特定的文化环境、特定的状态使时尚面孔不停变幻着。

纵观时尚面孔中模特形象的变化，很难找到一张永远被宠爱的脸，这和文化的不断进步与发展有着密切的关系。不同文化、不同时期背景下模特的美没有特定的评判标准。在时尚界不断变换的过程中，这些模特凭借聪明智慧，吸收时尚文化的精髓，引领着时尚的发展。无论文化如何发展、时尚面孔如何转变，人们对美的追求将是坚持不懈的。不可否认的是，模特总是时尚文化中不可缺少的部分，他们引导大众审美潮流，用自身的吸引力将时尚演绎得更加精彩。

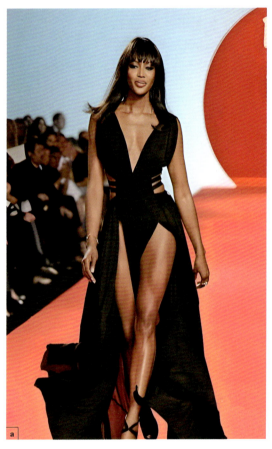

图3-35 活跃在国际秀场的黑人模特

第六节 模特形象管理

一、模特形象管理的概念与要素

（一）模特形象管理的概念

模特形象管理就是通过对模特个人形象诸多要素进行有效地计划工作、组织工作及控制工作的诸多过程来协调所有相关资源，以便实现个人形象既定的目标。模特外观形象管理包含了所有有关模特个人外观形象的注意、决策与行动过程。形象管理所涵盖的范围除了我们在视觉上为身体所做的努力之外，还包括了我们如何计划及组织这些行为（如计划健身塑形、如何服饰装扮、如何沟通，并且从个人或社会角度来评估这些决策所带来的结果）。每个人对自己的形象的关心程度不同，但是每天都会进行某种形式的形象管理。

（二）模特形象管理要素

模特形象管理主要涉及的内容是整合、协调模特形象中所需的服装、化妆、肢体等资源，并对相关一系列设计策略与设计活动进行管理，寻求最合适的解决方法，以达成个人的目标和创造出有效的模特形象。模特形象管理主要由4个要素组成，即形象管理主体（管理者）、形象管理客体（身形、服装、肢体）、目标（模特形象设计的目标）、环境或条件（模特形象管理的依据）。

1. 形象管理主体

形象管理主体指的是个人形象的管理者。一般情况下个人形象管理主体就是模特自己，通过对自身生理特征的认知，结合工作内容对工作、日常生活中相关行为进行管理。随着时尚产业的发展，目前部分专业模特的形象管理主体已经由专业的经纪人担任部分工作，行业内称"模特经纪人"。

"模特经纪人"的主要工作是负责模特从基础培养到策划包装并推向市场，能够让模特成为各种品牌形象代言人和参加各种品牌时装发布会并获取佣金。他们是模特明星的制造者，是模特行业的幕后英雄。在工作中，经纪人提供模特个人形象塑造解决方案，帮助模特建立和谐的个人形象，提升模特职业素养和知名度。模特经纪人是对模特个人形象管理进行指导的专业人员。他们针对模特个人与生俱来的形体、肤色、发色、五官气质等人体基本条件进行市场评估，还需不间断地对模特进行形体锻炼，走路姿势的训练，音乐品鉴、服装知识、镜前表现等专业培训。通过计划、指导、设计方式帮助模特建立和谐的个人形象，有规划地将模特推向市场。

作为形象管理主体的模特或是辅助进行形象管理的经纪人不仅需要掌握模特、服饰、时尚、色彩、礼仪的知识，还要具备成功心理学、社会心理学、哲学、人际沟通交流等的知识。

2. 形象管理客体

模特形象管理客体就是模特形象管理的内容，主要针对人、职业定位和市场的规划。具体涉及模特个人塑形、模特业务培训、市场推广、执行管理。模特个人塑形是通过有计划的锻炼、整形等手法对模特形体、五官等生理因素进行优化，也包括运用服饰元素技法从视觉上为身体所做的努力；模特业务培训是针对模特专业技巧、礼仪、语言、仪态等进行训练；市场推广是根据模特身形特征、技能优势有计划、有针对性地进行市场营销；执行管理是模特在典型工作中对自己进行行为上的有效管控，以实现效率和形象目标的高效统一。

3. 目标

模特形象管理是按目标设计并实施的行为，因而管理又与目标形成对应关系。模特形象管理活动应围绕模特个人的目标进行活动。目标是形象管理主体为实现模特目标的努力方向，是管理活动要达成的效果。目标是决定模特职业行为的先决条件，贯穿整个管理活动过程中，渗透设计活动中，也是衡量模特形象是否合理的标志和尺度。只有确立目标，才能为某一具体形象设计选择和运用什么样的资源提供依据。这些依据又反过来使设计者和模特有了正确的工作方向，并能根据目标来进行有效控制。因此，目标在模特形象管理行为中处于核心地位。

模特形象管理策划是根据模特个人外在、职业特性、目标、生活环境和内在性格而做出的一种综合管理设计。因此，它力图通过改善外在模特形象而提升模特个人内在（如自信、乐观）。模特形象管理策划为现实生活和工作服务，是为了适应模特的社会职业需要而进行管理的形象。

4. 环境或条件

作为一名模特，在服装表演、影像拍摄、品牌宣传这些典型的专业工作中以及参加专业大赛、接受媒体采访、会见客户、面试等时，都需要依据自身的整体条件、结合流行时尚进行专业的视觉形象策划，也需要根据不同状况进行有效沟通和形象管理给客户以及合作者留下好的印象。由于模特形象设计行为与实施的环境紧密相连，因而管理还与实现目标的环境呈依赖关系。形象管理是一项科学的、系统的、全面的、严格的和持续不断的管理工作。模特在不同情境的个人形象的设计、塑造、传播与管理应该是一个系统工程，绝不是可有可无的。只有进行有效的形象管理，才能实现模特个人形象魅力的自我实现和超越。

二、模特形象管理的意义

模特形象的评估是综合信息的评价，即模特的外观的特征和实际表现在社会公众中获得的认知和评价。模特个人向外界传达的形象信息的过程也是一个让自己与受众群体感知、评价、接受的过程。

模特的形象，首先是"人"的形象，既包含外在的形体标志，也包含内在的人格特征；其次是模特的"职业"形象，既包含自身的个性魅力，也包含外部的观念与意图；再次，如果把服装产品传播过程视为品牌的销售流程，模特形象也具有商品（产品）形象的若干特征，模特的形象既体现所服务（代言）的产品的核心标志性特征，也包含受众对其产生的心理预期与综合评价。

（一）形象塑造是对模特综合素质的考评

在这个瞬息万变的信息时代，身处时尚行业的模特日益成为众人瞩目的对象。对个人而言，模特是一种职业角色，意味着光鲜照人、魔鬼身材、时尚代言人；模特是时尚的先锋，由于职业的原因，模特随时都有可能被精明的客户、被善于钻营的广告人和神秘的星探发现而得到工作的机会，甚至是意想不到的好机会；模特也会被普通人作为时尚的榜样而效仿或谈论。因此模特要

随时注意自己的形象塑造，这并不是要模特整天涂脂抹粉和奇装异服，而是要随时注意自己的形象造型，着装要注意场合、时间、地点，妆容修饰应该与服饰整体协调。

如果说形体的训练、文化的积淀、表演能力的提高是对模特的单项训练，那么形象塑造则是对模特综合素质的考评。

（二）模特形象就是效益

良好的模特形象具有无形的穿透能力和强大的沟通能力。事实上，服装表演是用艺术的形象完成商业的目的，服装表演的本质也并不是像人们看到的那样只需要几个外表漂亮的模特在台上来回走走，而是服装企业或是设计师用来向消费者推销自己的产品，展示流行趋势，传播服装文化的宣传工具，是整个服装产业链中重要的营销环节，即便是完成一台简单的服装表演，也需要繁琐的前期准备和复杂的后台技术支持，穿着光鲜的服装只不过是人们看到的冰山一角。在当下，超模们已经不仅仅满足于T台之上，他们把脚步也迈向了娱乐的舞台上，如拍电影、出唱片，超模们尽情地绽放着自己的光彩。名模杜鹃在2012年主演了陈可辛执导的剧情电影《中国合伙人》，凭借在片中饰演苏梅一角提名第29届中国电影金鸡奖最佳女配角，第33届香港电影金像奖最佳女配角、最佳新人演员。

优秀的模特能用形象掌控追随者的心理，为自己树立一个神话般的形象以确立自己在行业内的口碑，辅助其事业的发展。国际超级名模海蒂·克鲁姆（Heidi Klum），1973年6月1日出生于德国小城哥拉德巴赫，于1992年1月开始参加选美比赛。1998年，海蒂签约成为"维多利亚的秘密"专属模特。后逐渐步入影视圈，并在美国电视剧《欲望都市》中担任女配角。2004年，海蒂以执行制作人和主持人的身份主办节目《天桥骄子》。2010年3月份，她在《绝望的主妇》中扮演自己。2014年10月，海蒂·克鲁姆成为其主打内衣系列产品的形象代言人和创意总监。

这些国际知名的模特，不仅具备了相关领域的专业素养，而且无一例外地以自身独特的职业形象扎根于大众的意识中，为她们事业的扩展奠定了基础。

·服装表演概论·

（三）良好的形象就是信誉

良好的形象就是良好的信誉。一个模特具备了良好的形象就容易获得受众的信任与支持。纽约的时尚品牌——蔻驰（COACH）设计的T恤及官网搜索栏不尊重中国主权。蔻驰中国区品牌代言人、超模刘雯在微博上发表声明："由于我选择品牌的不严谨，给大家带来了伤害，在这里我向大家道歉！"声明还说："任何时候，中国主权和领土的完整神圣不可侵犯！"该条微博还转发了律师声明，称"刘雯女士终止与蔻驰品牌代言的合作"。一个跨国企业在中国经营，不尊重中国的主权，不敬畏中国的法律，当然会被拉入"黑名单"，只有彼此尊重才能获得长久且愉快的合作。后期蔻驰在微博上发文道歉，称会对此事进行自查，杜绝此类事件的发生，并回应了刘雯解约的事情，不会向刘雯提出赔偿。刘雯的爱国主义情怀得到了业界人士的一致好评，正是因为其良好的公众形象为她的事业发展获得了更多的信任与支持。

（四）模特的形象塑造是行业竞争力之一

对流行时尚特殊的敏锐度和理解力是服装模特必须具备的专业素养，形象设计专业知识的掌握为这种能力的培养提供了基础平台。众所周知，奔波于时尚之中的模特们不只是影响时尚的重要角色，更重要的是他们要在自己的工作中解读时尚、阐释时尚、融入时尚。模特形象塑造已经成为一种行业的核心竞争力。

阿格妮丝·迪恩（Agyness Deyn），1983年出生于英国，短发造型让她显得尤为独特，朋克假小子的她身上散发着男孩子的气息。她登上T台后，帅气与洒脱的独特风格一下子吸引了大家的目光，成了当红的模特。登上《时代》《Tatler》等杂志，还被评选为最有型女性，目前她是全球最受欢迎的模特之一。这一个成功的案例昭示出服装模特应有的职业风范，懂得如何去解读时尚、塑造形象。流行时尚的敏锐触觉和全新的时尚审美情趣造就着一张张崭新的时尚面孔，也预示着下一个超模时代即将来临。也正是T台上拥有着五官独特、气质不凡的时尚达人，才使得时尚舞台缤纷多彩。

总之，服装模特的形象规划和形象设计是其在时尚领域中获取一席之地的重要途径之一，也是其进行职业规划和拓展专业的重要技巧之一。借鉴活跃在国际各大时装周秀场以及穿梭于国际各大时尚之都的服装编辑、服装买手等时尚达人们的装扮意识，我们不难发现，个性的装扮、不俗的品位、超前的意识、趋优的选择是赢得公众趋同的绝佳手段，更是服装模特的必备专业智囊。

三、不同工作情境中的模特形象塑造与管理

（一）面试中的模特形象塑造与管理

面试工作是模特工作的开始。越来越趋向于专业化、规范化、国际化的面试环节，对模特的要求更加严谨和苛刻。因此，面试之前对所面试客观对象的背景和基本要求的通晓以及面试过程中对自身形象和精神状态的调整是完成此类工作的重中之重。

在专业的时装发布会面试以及时装周面试时，作为专业模特首先要对面试环节十分清楚，并且把握好每个环节中的分寸以及定位。

通常情况下，在订货会、新品发布会、时装发布会以及大型时装周的前1~2周，幕后工作人员会制定出面试条件，向符合条件的模特发出面试邀请。但也有不提前出面试条件的活动，模特的面试形象就需要依靠自我来塑造。

1. 妆容精心、自然

面试与演出不同，没有舞台灯光，与客户距离较近，在妆容上要精心、自然。妆容简单、干净、大方，尽量接近生活中的形象，能看清五官轮廓，使面试官能够清楚地判断可塑性以及优势。

发型也不要夸张，只要稍微修饰下，把头发打理整齐，最好将头发扎成马尾，如是短发或者披发需将其整理干净，保持清爽整洁的发型，但要露出脸，以便面试的客户和导演能从模特的基本形象联想到最终造型效果。有些模特为了修饰面部缺陷或使自己更突出而浓妆艳抹，反而会使形象大打折扣。

2. 着装简洁

从外在形象上来讲，着装要符合面试的活动性质，时尚有个性。面试服装也可以帮助模特的

身材显得更修长、比例更完美。模特应选择黑色紧身服装面试，并尽量露出肩颈和手臂。若穿裙装，应选择修身短裙，黑色高跟凉鞋，鞋跟高度在10 cm左右，使腿部具有一定的延伸感、同时也使人显得步伐轻盈。摘掉身上的配饰，以简洁干净的形象面试，以免凌乱的配饰分散客户注意力（3-36）。

3. 了解一定的品牌知识

面试前，最好先了解一下需要面试的品牌风格，所准备的衣服最好和客户的风格接近，不要穿着有明显商标的服装进行面试。专业的模特经纪公司会为旗下的模特专门定制面试服，这样也可以进一步避免面试出错。

4. 个人工作经历

在面试的时候带着资料夹，其中应是关于自己的文字介绍以及诸如头像和泳装照片（正面、侧面、背面）、不同造型风格的照片、近期最具代表性的照片，当然已经刊登于时尚杂志、为某品牌拍摄的产品目录或宣传广告等图片则更具备说服力。资料夹里的图片要随时更换，去面试的时候应该拥有丰富的图片和视频资料。在了解了面试的背景之后，应积极主动地整理这些资料，有针对性地选择合适的图片来更新自己的资料夹。

5. 自身修养

良好的言谈举止可以体现一名职业模特的文化素质。到达面试现场后，模特应保持安静为面试做准备；面试时，要展现出自然亲切的一面，在适当的时机微笑就显得极为重要，同时也可以

图3-36　模特面试服装示例

借助微笑与客户进行无声的交流；在面试的过程中，可先以自然状态的表情或按照客户的要求进行展示，在展示结束后向客户鞠躬致谢，同时必不可少的是拥有一副亲切的笑容，这是体现一个模特礼仪修养的关键环节，也会让整个面试过程显得十分愉快。

对待面试，模特不仅体现其专业素质与内在修养，还需要做到言谈举止自然、大方得体，更为重要的是表现欲不能过强，一定要尊重面试官，遵守时间，切忌迟到。

6. 专业技能

面试时，很多主考官会随意播放一段音乐考察模特的台步情况。有专业素质的模特在表演时，同类、同款的服装在同一曲音乐中，应根据服装色彩的不同，准确地把握表演的神态、步态，表现出不同的情绪和韵味。例如，同样是礼服，装饰、图案、形状、款式都一样，音乐旋律如果也一样，只是颜色分别为黑、白、红，在表演中就要分别表现出沉稳、恬静、热情的神韵和性格，这就需要模特准确地把握色彩的象征意义和给人们造成的视觉印象。同样，同一首音乐、同一种颜色、同一类服装，只是设计的款式有变化，表演也必然各有差别。再比如，服装是有环境要求和限制的，但并不是所有服装都受一种环境限制。所以，在表演时服装不变，但音乐因导演不同改变了，因此感觉和表演也应随之而变。在这里，如何把握设计师的创作意图和服装款式造成的环境气氛就成为关键。

此外，诸如异国情调的服装，千姿百态的便装，华丽多变的晚装，以奇制胜的超前服装，各种改良的旗袍，风格迥异又大致相同的运动装和泳装，千变万化的广告创意、摄影造型等，应对这些都不是简单的走两步、摆个姿势就行的，都需要模特的再创造。模特的创造劳动本身要求模特必须把提高自身的文化艺术修养放到第一位，从其他艺术中汲取营养，充实自己。一个高水平的模特需要融服装、音乐、舞蹈、电影、雕塑、摄影、美术等各门艺术的知识为一身，在时装表演中进行综合性的艺术创造。

想要成为一名合格的模特，先天条件是第一位的，任何一项活动或者比赛的面试都要经过身高、体重、三围、形体比例等各方面的严格测量，面试只是作为活动方对你个人第一印象的筛

·服装表演概论·

选，作为模特要想在人群中出类拔萃，那就必须在平时保持良好的身体状态，通过训练自身的柔韧性、加强舞蹈基础与音乐乐感、进行一些现代礼仪训练课程等，使自己的内在修养与外在形象都更加出色。

（二）演出时的模特形象塑造与管理

1. 排练

排练是保证演出成功的重要步骤。在排练中，要根据导演的提示以及提供的音乐来理解导演的设计意图。一些较复杂的演出，模特要用小本做记录，记录出场口、退场口、路线图、每套服装所配合的音乐、你前后的模特是谁及她们穿什么服装。

时装表演一般都会安排一次彩排（联排），任何一名模特或工作人员都应将彩排当成一次真正的演出，不能出现任何错误。

2. 化妆

化妆和发型是时装表演的重要组成部分，每个造型都体现着设计师的风格，而每场演出的造型都是设计师和造型师经过研究而确定的，因此模特一定不要根据自己的爱好而改动造型。如果发型师要对你的头发进行较大改动（如剪发、染发），你一定要征得经纪人的认可，否则有可能会给你的下次演出（或拍照）造成麻烦。如果你认为造型师的作品确实有损自己的形象，要有礼貌地与造型师协商，在不影响整体方案的前提下进行修改。但如果造型师否定了你的建议，你要服从造型师的设计，因为模特要表现的不是自己的美貌而是时装作品的风格，要按照模特职业道德的准则接受造型方案。

3. 试装

试装对设计师、模特都是非常重要的步骤。认真试装是每位模特的职责，是模特理解和表现作品的重要组成部分。在试装过程中应积极与设计师、造型师和编导配合，当设计师为你穿上服装时，不要自己整理服装，要让设计师或编导为你调整服装的合适度。如果你感到服装有些部位不舒服、不合适或有脱坠的危险，一定要向设计师或编导提出，让他们为你进行调整。设计师或编导最忌讳模特根据自己的爱好挑选服装或在试装过程中对服装的造型做出改变。

试装的目的是找到穿着服装的最佳状态，作为一名职业模特必须认真对待每次试装。试装过程中，如果你的服装有问题（如尺寸不合适、纽扣脱落、缺少部件、有质量问题等），一定要向设计师、造型师或编导说明。如果在试装期间发现了问题而不向设计师说明，在演出前又提出一大堆问题，这是设计师和编导最痛恨的。

模特在试装过程中对自己不喜欢的服装，也不要当着设计师或客户的面表示出任何不满。如果你确实不喜欢这套服装，就当是在完成一项必须的任务，而不是在买自己穿的服装，同时还要尽量表现好这套服装，这才是一名职业模特的风度。

4. 换装

快速而有条不紊地换装是模特的基本功之一，一般时装表演的要求模特从下台口到换好装，再到台口候场的时间是1分40秒，甚至更快。为了达到这个要求，模特要养成认真整理服装的好习惯。

按照演出穿着的顺序，从外到里依次挂放。也就是说，先穿的部分（穿在里面的，如内衣、衬衣）要挂在衣架的外侧，后穿的部分（穿在外面的，如马甲、外套）要挂在衣架的里侧。这样模特穿衣时就会依次拿取，不至于拿乱。挂服装是技术性事宜，模特要检查服装的挂放顺序，做到对服装的挂放了如指掌。每套服装的配饰要用小袋装好，挂在这套服装的小衣架上。每双鞋（包括袜子）要放在应配套服装的下面。

每场演出，制作人会安排换衣工（助理）帮助模特换衣服，好的换衣工能很好地与模特配合。模特在排练时就应和换衣工有很好地交流，协商换衣过程中的分工。一般来讲，换衣工很少是专职的，大多是由学生或职员兼职的，他们可能不熟悉这项工作，因此模特一定要和他们有很好地交流，做出换衣分工方案。另外，一定要尊重换衣工的劳动，对他们有礼貌，每换完一套衣服，别忘了向他们说声"谢谢"。

5. 演出

演出是模特最兴奋的时刻，有经验的模特在演出前都有个"安静"过程。在这个过程中，模特要仔细思考，回顾所要表现服饰作品的内容，回顾在台上要表现的内容，使自己在演出前处于最佳状态。演出之前的候场时间对于模特来说十分重要，模特应利用有限的时间对每一个细节进行仔细地检查，检查妆容和发型是否需要修补，

FASHION

并调整情绪，不能随处走动，听从工作人员安排去排队等候，候场时保持安静。

模特在演出过程中，换好服装要立即到出场口候场，因为发型师和化妆师会在那里等候，为模特补妆和整理发型。到达出场口时，要认真聆听台上播放的音乐，使自己尽快进入角色。模特在舞台上应随机应变，舞台上很可能会发生突发事件，比如鞋子脱落、踩到裙角、音乐骤停、灯光熄灭、模特走错位置等等，因此，模特要随机应变，大方稳妥地处理好突发事件，保证演出顺利地进行，这也是模特具备较高的个人素质和较强的反应能力的表现。

模特在台上，要保持头脑清醒，走位要自然（不要刻意的）并随时调整自己的速度和位置，不得与其他模特相撞（尤其是在旋转过程中）。一般往回走的模特要让往前走的模特。模特在台上应具有一种能量——活力和健康的魅力，用每个动作、每个造型和眼神把观众的注意力吸引到所展示的作品上。

在导演没有特别要求的情况下，在台上过多地表现自己、过多地造型、过多地"卖弄"都会引起设计师的痛恨，引起观众的反感。

（三）拍摄中的模特形象塑造与管理

1.广告拍摄中模特的姿态表现

模特在广告拍摄中有一定的设计要求，广告模特对形象的树立要根据产品的特性及风格，这是不容置疑的。但广告模特做广告时的形象创立却不仅要依据产品的特性及风格，还要考虑广告的性质。形象优美的模特姿态表现丰富了产品的表现形式，成为一种别具一格地吸引观众眼球的视觉文化。模特姿态表现既是对商品的解读和演绎，也是与观众进行信息和情感交流的核心所在。不同的广告性质，所创作的形象是不同的。广告也可以说成是广告模特的演出。模特首先要建立与摄影师、摄像师之间良好的合作关系。这样不仅有利于摄影师或摄像师根据表现内容的需要，安排好模特优美而自然的动作姿势，并且对于模特情绪的表现也至关重要，否则会出现僵硬的动作和尴尬的面部表情。广告片模特的姿势包含了强烈的肢体语言信息，其举手投足、任何动作的变化都会传递出不同的信息，不仅影响造型、构图和画面结果，也会对受众产生不同的导

向及其对广告商品的理解。模特姿态表现的时尚形象借助广告这一巨大的传播途径，渗透到人们的生活中，潜移默化地改变着人们的生活观念，引导社会风尚和消费理念。同时也带动了人们审美情趣的提高，调动了人们对自我个性的追求和自我形象的完善。

2.广告拍摄中模特的面部表现

根据广告本质的属性不同，广告片模特的动作造型、面部表现、面部妆容等要根据不同的场景进行一定的调整，需要模特快速地融入情感，根据不同的广告属性切换不同的风格。不同的面部表现，可为所要展示的产品增添浓墨重彩的一笔。因此，在表情的把控上需要模特切合产品的文化内涵，有的放矢。所谓眼睛是心灵的窗户，人们往往第一眼被模特的眼睛所吸引，继而逐渐将视线扩散到整体上。良好的面部表情是自然流露而富于变化的，这种表达方式是人类抒发情绪的最直接的体现。所以，模特面部表现十分值得我们去研究，也是所有姿态表现中最难的部分。

3.广告拍摄中模特的服饰形象

模特通过各种造型传播企业的品牌形象，以时尚先锋的榜样作用，引导社会风尚，更新生活理念。适宜的模特服装不仅可以缩短与消费者之间的距离感，而且可以改变和矫正模特的形象。模特在选择服装和配饰的时候，应该结合广告主题，符合产品文化内涵。如想要表达清新自然的产品的广告，模特在装扮上就应该以白色等纯色为主，妆容以裸妆为佳；如以饰品为主，模特在服装的选择上应简约、优雅，以突出饰品，不抢镜；如拍摄口红或香水这类产品的广告，模特则应在气质方面突出神秘感，服装、配饰等都应更具魅力。

4.广告拍摄中模特的妆发表现

妆容和发型对整体造型起着至关重要的作用。精致的妆容与柔亮的秀发是造型的点睛之笔，同时也是对模特的细节塑造，使模特更加贴近广告拍摄所表达的主题风格。在模特的妆发选择上，要根据不同的拍摄场景、拍摄风格、产品特性、情感需求等搭配不同风格的妆发设计。如性感风格的广告多用烟熏妆容搭配大波浪卷发，营造妩媚性感的气息；成熟优雅风格的广告多采用大地色系妆容搭配偏分长发，营造沉稳优雅的氛围；俏皮可爱风格的广告多采用颜色绚丽的彩

妆搭配短发齐刘海，使整体氛围充满活力。

5.广告拍摄对模特理解商品主题的要求

模特在广告片的拍摄过程中要理解商品主题，模特的作用是就是增强商品的品位，懂得商品想要透过镜头表达出的个性与理念，即表达商品的服务性，从而通过自身的情感投入去灵活运用表情与眼神进一步将受众带入其中，吸引消费者的关注，与观众进行信息和情感交流，使其感同身受。无论广告采取什么样的形式进行，都要遵循一定的规则，也就是经济活动的过程性和目的性，将产品的亮点以一种非常具有感染力的形式展示在消费者面前，努力寻找一种途径让消费者认同并且产生购买欲。

（四）赛事活动中的模特形象塑造与管理

1.赛事选择及赛前准备

基于我国模特行业的发展和国情，中国模特一般都成名于模特大赛，并以服装表演为主。近年来，我国各种类型、档次、规模的模特比赛越来越多，模特大赛已经成为一年一度选拔优秀模特新秀的专业途径。然而参赛并不是模特的主业，只是成功的途径之一。模特们可以通过比赛来展示自己，扩大自己的知名度，也可以从赛场上学习更多的临场经验和反应方法。

面对诸多比赛，如何正确地选择适合自己的比赛和赛前都需要做哪些准备是模特决定参赛时必须了解的。以下提供3点可供参考的总体经验：

①了解模特大赛是否正规，评委是否具有权威性，历史是否悠久（举办年限），得奖选手投入市场后是否有知名度以及良好的发展，等等。

②了解大赛选拔模特的侧重点，针对自己的外在条件进行分析，选择适合自己参加的大赛。

③了解模特大赛的各项要求并提供相应资料，充分做好赛前准备工作，提升自己的综合素质，在锻炼形体的同时注意调整心态。

如何选择模特赛事最关键的不是依据赛事的外在因素，而是在于参赛者的内在因素，关键是赛事是不是适合自身的条件因素。比如，电视模特类赛事要求选手的表现力很高，尤其是多方面的才艺以及镜头前的表达能力。因此，有准备的参赛势必需要了解参加的是什么比赛以及比赛中如何去表现。

比赛前，选手需要了解举行的活动项目、开始时间，然后准时到达比赛地点。保持头发原有的自然健康状态和适合自己的发型。护理好皮肤，包括手部和脚部，服装应简单自然。控制好自己的情绪，保持良好的心态。

准备一份精简的自我介绍，让人可以在短时间内对你有大致的了解。如果有某方面的特长，如舞蹈、唱歌、外语等，应提前做好准备，充分展示自己的才能，让人对你有更深刻的印象和更多地了解。

准备一套照片，包括清晰的大头照、半身照、全身照、泳装照等，用于展示自己的多面形象。因此，要找较专业的摄影师为你拍摄一组照片。

2.赛前集体培训及摄影活动

（1）培训

国内大赛的开始阶段一般都会有一些培训的课程，内容主要包括：走台技巧、化妆及发型基础、平面及动态展示技巧等。这些课程旨在提高选手的服装表演技巧和相关的能力，并不作为比赛考察项目。

（2）摄影活动

摄影活动包括动态摄影及平面摄影，场地分为外景和内景两种。外景一般都会选择风景秀丽的地方进行拍摄活动，要求选手能根据背景和周边环境进行表现，有镜头感，配合摄影师完成拍摄，拍出美丽的画面。根据每个比赛的不同需求，选手画册的照片进行外景或在室内拍摄，室内一般拍头像或半身像，要求模特高度配合，有较强的镜头表现力以及对环境的适应能力。

（3）试装排练

在比赛晚会前1~2天便开始试装、排练。在模特大赛中，一般会有4套左右不同类型的服装演绎，分别为泳装、职业装、活力装和晚装，个别比赛还会设置旗袍、民族服饰等展示环节。试装是走秀前的重要环节，并不是换上一件衣服那么简单。导演组要根据服装的特点及服装款式的排列顺序，结合模特自身的特点，决定哪款服装由哪位模特演绎，"以衣挑人"。模特在为大赛总决赛试装时，导演会提前根据服装品牌设计师的走秀诉求、服装风格等告知模特，如步速节奏、表情姿态、展现风格等。优秀的模特会有意识地根据服装特色、导演意图和T台环境，在演绎中加入自己的诠释。试装时一定要仔细检查穿着后是否有走光现象并及时修改调整，选手应牢记服装如何穿着，避免换衣环节出错。

除了力争名次，选手也要反复和自己的衣服磨合，积极配合彩排并牢记队形，体现出人衣和谐的视觉盛宴。

3. 大赛过程中的形象策划

（1）正确的参赛心态以及调整

以良好的心态看待模特大赛，以正确的方式选择大赛和做好赛前准备都是很重要的。

模特要正确进行自我评价，对自我的评价得当与否，将直接影响到今后的发展。学习缓解心理压力，很多模特由于比赛竞争激烈而倍感压力。对于心理压力，一方面要找出内在的真正原因，及时进行疏导；另一方面要保持良好的心态，经常进行自我心理梳理和调整，不要急于求成，减少压力的来源，只有适时减压，才能保持良好的心境。要建立自信，只有自信的模特才会在舞台上发挥自如。

值得注意的是，赢得比赛、获得大奖并不意味着一夜成名，客户和媒体会蜂拥而至。实际上，获奖只是模特成功的第一个门槛，接下来仍需努力学习，还有很多问题需要面对。模特大赛得奖并不意味着直接成为名模，还需要经受市场的考验。衡量优秀模特的标准是每年模特的订单量和收入的金额。美国福特经纪公司Lundgren这样说："我见过数以万计的漂亮女孩，但是很少有人有超级模特的潜质，她们必须有身高，还必须要有当年流行的面孔。"

即使没有赢得比赛，也要做一名优雅的失败者。心存遗憾是难免的，不要去抱怨或指责大赛不公正，作为选手最应该做的就是询问并认清自己没有胜出的原因，并加以改正，不断地提高自己，努力争取获得进入职业模特行业的机会。

（2）根据比赛内容策划形象

A. 初赛阶段

选择一套突出自己身材优势、比例、肤色的有质感的泳装。现场海选时，选手与评委的距离较近，因此，比起厚重的舞台浓妆，一个干净、精致、清晰、五官突出的妆容更为合适。发型也不宜夸张，一般比赛的初赛第一项都是以泳装为主，发型选择披肩发或扎马尾均可，切记一定尽量露全脸。自我介绍时要吐字清晰、表达流利。如进行才艺表演，一定要做好充分的准备，反复练习以加深记忆。

B. 复赛及决赛阶段

本阶段多为统一服装展示，所以这时将是适当展示自身个性的重要时刻。如何在众多选手中脱颖而出？最为重要的就是模特走上T台时，要从容、步履自然。请记住，评委并不是仅凭一个标志性的猫步行走水平来评价你，应让他们看到一个充满自信、从容自然的模特。有过一些表演经验的模特可以通过展示的技巧，即穿衣、步法、形体语言、定位造型等最大限度地表现服装的艺术魅力和穿着效果，把优雅的风情传达给观众，使观众被服装表演出来的内涵所感染。模特大赛的评选标准里，也有展示服装个性的要求。许多人都以为模特大赛不过是选拔新人的比赛，穿着几套特定的服装，做几个优美的造型动作而已。其实，一场高水平的模特大赛，远远不止这样简单，它需要模特综合自身的条件和外部的条件，准确把握服装的基调，对服装内涵进行创造性展示。

正式比赛中的流程一般为：开场集体亮相，评委介绍并出场，主持人上场宣布比赛规则，选手登台比赛进行服装表演（泳装展示、时装展示、晚装展示等），有些比赛在服装表演期间会穿插自我介绍或者才艺展示环节，最后是现场颁奖。

泳装展示：

泳装展示环节是评委最直接地发现选手身材缺陷以及台步问题的环节。主要考察模特的自然条件以及走台基础。在大型正规的模特大赛中，为了使比赛过程赏心悦目且体现出赛事专业性，模特的泳装通常由主办方提供。不论分体或连体泳装，甜美风格或性感风格，其款式都是贴身、高胯、低胸型，着装之后会比较紧身，会展现出模特的全部体形，尤其是一些新款的泳装暴露的部分较多，对模特的身材要求较高。因此，模特在展示过程中要将自己的体形、腿型完美地表现出来。在造型中，应选择最佳的视觉角度进行表演，身姿要挺拔。模特经常会以S形姿态展示，主要在于胯部的运用，模特会将其胯部提高，搭配下压的肩部，使整个身体曲线玲珑有致。上肢造型叉腰或随意摆放，整体的造型多变。在泳装展示部分，不需要复杂的发型，以高马尾、背头披肩发居多，模特整体形象简单干练即可。

时装展示：

时装展示环节主要考察的是模特的表现力

和协调力，包括模特对服装的理解、台前的造型展示以及对音乐节奏的把握等。在比赛时，无论时装是何种风格，模特都应遵循以传递服装信息为主要目的的原则，并合理运用肢体语言。在展示一些廓形夸张、样式复杂的时装时，模特姿态不仅单靠身体动作的幅度，还要结合服装的颜色、造型、妆容发型等各方面进行渲染，这样呈现出的效果通常直截了当且具有很强的吸引力与张力，容易引起人们的注意。此环节的服装展示，模特的妆发较为时尚，会根据服饰进行相应的变化，但总体要呈现出大气、时尚感十足的形象。

晚装展示：

晚装的展示对于模特的要求相对较高，因为常见的女性晚装大多是收腰贴身、袒胸露背且有较大裙摆的长裙，面料和饰物多高贵而华丽，具有很高的欣赏价值。在展示时，模特应体现雍容、端庄、典雅的气质，在表演过程中给人一种发自内心的庄重之感，展现出自信成熟的女士风度。在走台过程中，动作不宜过多，幅度也不应太大，过程要放慢，给人一种泰然自若的感觉。

此外，在展示晚装的过程中，模特可运用单、双手及举裙或提裙等动作组合变化进行造型。模特都应通过不同的姿态将礼服的设计理念与优雅气质融为一体。在晚装展示的环节中，模特的发型多为盘发或披肩卷发，妆容优雅大气，以此展示出充满魅力的女性形象。

正式比赛中，要求选手能熟练地运用相应的表现形式展示不同类型的服装，按照排练时的出场顺序和队形进行表演，台前造型时间切勿停留过长或做过多的造型，遇到舞台"突发事件"时，要懂得随机应变。由于模特大赛数量日益增加，为了增加观赏性和观众参与的积极性，有些模特比赛会在原有的服装表演形式下增添诸如晋级赛、复活赛、观众场外短信或网络投票等形式。因此，模特应事先了解比赛流程和规则，做出相应的准备。

比赛结束后，大赛组委会都会安排一场庆功宴以答谢媒体、赞助商、参赛选手及所有工作人员，同时还会安排获奖选手接受媒体采访。这就要求选手要具备一定的公关意识、亲和力以及与媒体大众的沟通能力。

FASHION

第七节　模特经纪与管理

我国模特产业虽然起步较晚，但发展很快，产业领域不断拓展，发展规模也在不断扩大，产业的质量和效益都有了明显提高。1992年12月，首家模特经纪公司——新丝路模特经纪公司在北京成立，随着改革开放进程的加快，人们在对经纪人及其产业活力的认识上发生了巨大的变化，由过去的蔑视与排斥到赞成和支持，甚至积极参与，社会的认可和接受为模特经纪的发展创造了良好的外部环境。模特的经纪与管理一般是依靠模特经纪公司及模特经纪人实现的。

一、模特经纪公司的职能

模特经纪公司是中介机构，它的功能是为各类客户介绍它们所需要的模特，为模特提供合适的演出机会。模特经纪公司掌握着签约模特的档案，包括身材条件、文化素养、获奖情况、表演经历、爱好特长等文字与形象资料，以便向有需求的企业、团体推荐。模特经纪人的水平、签约模特的数量与质量、模特的演出档次等因素决定着模特经纪公司的实力。

模特经纪公司会对签约模特进行推广宣传。对于名模或者具有明星潜力的苗子，经纪公司会利用各种媒体、专业网站和时尚短片等宣传手段，对模特进行全面、系统的包装，经纪公司组织的这些必要的宣传推广活动是为了扩大模特影响力。模特公司是靠运作多名模特的代理费而盈利的，公司要代理和运作几十名甚至上百名模特，根据每位模特的具体情况不同而设计不同的推广方式。通常公司会对模特进行的包装推广工作有：为模特安排专业造型师、摄影师拍摄精美的摄影作品，为模特制作模卡和资料夹；经纪公司会安排模特参加各种高水准的聚会与社会活动，对模特成名也大有益处；安排模特参与适宜的模特大赛或评选活动；安排模特与著名设计师和知名品牌接触交流；安排国外出访活动，增强模特的国际文化意识；安排相关表演技巧、礼仪、仪态、镜前等业务训练；随时进行业务新闻报道宣传；等等。模特经纪公司与模特签订合同，在合同有效期内，经纪公司安排模特的宣传、演出活动，帮助模特做出客观而有效的判断与决策，是模特在经营上的全权代理人。

目前，国内知名模特经纪公司有新丝路（北京）模特经纪公司、东方宾利文化发展中心、北京概念久芭文化发展有限公司、龙腾精英国际模特经纪（北京）有限公司、北京新面孔模特经纪有限公司、上海英模文化发展有限公司、上海火石文化经纪有限公司、北京华夏时尚有限公司、北京天星君创文化有限公司等。模特经纪公司整合了模特资源，促进模特文化市场的发展和完善。

二、模特经纪人的职能

经纪人是指在市场交易活动中为供求双方沟通信息，撮合成交，提供各种服务的人或组织，经纪人可以是个体、合伙、公司以及其他法人组织，即从事经纪活动的人（包括自然人和法人合伙）。它的基本职能是媒介商品交换，因此，经纪人在市场经济中的地位从根本上说是由社会再生产中交换的地位所决定的。

模特经纪人是模特与市场之间的纽带，是有经营头脑的模特市场专家。模特经纪人是负责模特从基础培养到策划包装并推向市场，能够让模特成为各种品牌形象代言人和参加各种品牌时装发布会并获取佣金的人.他们是模特明星的制造者，是模特行业的幕后英雄。模特经纪人是复合型人才。做好经纪人比做模特更难，一名模特的好坏和市场认可度的高低，很大程度上取决于经纪人在对模特培养、包装、市场推广上是否成功。

模特要虚心听取他们的建议，这样才有足够的精力关注本身的表演质量和完成表演之外的学习、工作，更好地发挥自己的潜力。同时，模特要遵守合同。模特也可以自己承接广告、演出或其他时尚活动，但必须由模特经纪人出面为其谈判签约，每项业务活动，模特应缴纳约定比例的佣金。

（一）促进模特行业信息交流

模特经纪人作为模特与市场的中间人，其信息职能体现在及时提供行业信息、合理处理行业信息、有效传播行业信息3个方面。

收集信息是信息交流的第一环节，信息的翔

实有效性是模特经纪人工作质量的体现。在收集信息的过程中应坚持真实性原则、时效性原则、全面性原则。处理信息是信息交流的第二环节。确定信息来源的可靠性，根据信息需求、数量、

有效性进行整合，选取有价值的信息。经过确定、加工成为具有流通价值的信息。

传播信息是信息交流的第三环节。模特经纪人是模特经纪活动的传播者，通过报纸、广播、电视、网络等媒介将及时、有效的信息传递给接收者。

（二）整合模特市场文化资源

模特市场领域蕴含着丰富的文化资源，如何实现文化资源的合理配置是衡量模特文化市场是否合理与完善的标准之一。模特经纪人通过促进信息流通，加速模特经纪活动的生产和发展，优化配置参与模特经纪活动的人力资源以及文化资源。

随着我国加入WTO，国外模特行业的文化资本和文化产品越来越多地进入我国模特市场，中国优秀的模特资源也逐渐走向国际舞台，国际文化交流与合作更加活跃，国际间不同文化的渗透更加激烈。通过模特经纪人的工作，可以在世界范围内提高中国模特的市场竞争力和市场占有率，向世人展示中国文化的巨大魅力。

（三）提供模特中介服务

模特经纪人提供的中介服务是指在模特经纪活动中作为连接模特和市场的中间人，提供创造价值的服务性劳动，为供需双方顺利实现和达到各自预期目标做出沟通和努力。

模特经纪人的中介服务突出表现在提高了模特市场的组织化程度；提高了模特文化市场的交易效率，降低了交易费用；进一步扩大了模特文化市场的广度和深度；同时还可以提高客户的知名度和美誉度，为客户树立良好的社会公众形象，使客户的形象社会化。

（四）开展模特代理业务

模特经纪人的代理服务是按照委托人的授权、代表委托人进行一系列模特文化活动的行为，由此产生的权利和义务直接对委托人发生效力。代理服务可以使代理的模特文化活动合法

化，可以明确双方的权利和义务，模特经纪人在进行代理服务活动时，可以在授权的范围内独立表现自己的意志，使模特经纪活动呈现出个性化的特点。

三、模特经纪人的职业素养

一名成功的模特经纪人，需要有综合的职业素质、知识结构和经纪营销技能。职业素质是指从事模特经纪活动所应具有的基本素质和能力；知识结构是指当一名好的模特经纪人所应掌握的各种专业知识；营销技能指模特经纪人在经纪实践过程中和市场运作方面运筹帷幄的能力和操作技巧。

（一）模特经纪人所具备的能力

模特经纪人除了要具备所需的道德、技能和心理等素质外，还要不断充实和提高自己完成业务工作所必备的能力，特别是与人交往中的感召能力、说服能力，以及完成项目的整体运筹能力和策划能力。

1. 感召能力

感召能力可以说是一种人格魅力，是一种通过自己的品格、风范、智慧和气度形成的对他人的凝聚能力、引导能力和决策影响。在日常经纪活动中，具有感召力的经纪人可以使委托人产生信任，有了信任感，经纪人和委托人之间的沟通就会更加容易，工作效率就会大大提高。

感召能力的基础是亲和力。亲和力也是一种人格魅力。亲和力表现在以学识、能力、品德、为人处世、办事方法等赢得别人的尊重，在长期的合作共事中建立起相互间的理解和信任。亲和力是通过真诚交往，互相理解、信任、包容，直至相互托付而逐步升华建立起来的。

2. 说服能力

说服能力是成功的模特经纪人必备的能力。良好的说服能力需要的是自己坚定的信念、对成功的信心、充分的耐心和灵活适宜的方法。对于经纪人来说，在商业运作中，善于使客户接受自己的信念、产品和服务，和自己产生共鸣并不是一件容易的事。说服对方，要讲究艺术和方法，要以"双赢"的理念去说服对方，让委托人明白，经纪人与委托人之间的关系不仅仅是服务和金钱

掘和培养模特并有规划的将模特推向市场，帮助模特制定事业发展规划，针对不同模特的特点找到推广的切入点是经纪人不可推卸的责任。

2. 代理模特参赛事宜。模特行业需要不断寻求新的面孔，模特经纪人非常重视星探们提供的模特新人的资料，选择安排新人模特参加比赛，既有利于模特水平的提高，又能为模特带来更大的经济效益，使其走向职业化道路，为了共同的利益，经纪人需要为初出茅庐的模特进行包装，为他们赢得比赛的同时，也给模特带来事业上的规划、社会的认可和可观的经济收入。近几年崛起的模特刘雯、刘春杰、何穗等人都是通过参赛脱颖而出的，各种模特大赛对模特的挖掘起到不可忽视的作用。

3. 管理模特日常事务。利用管理软件对模特的资料和预定进行规范管理和控制。帮助模特安排签约事宜、表演、拍片、训练和生活，管理模特繁杂的日常事务，如管理演出的收入和财务收支，安排社会活动等。模特管理系统包括：模特基础性资料及联络方式、模特图片管理、基础尺寸的记录；模特业务档案、模特面试工作记录；模特工作行程的记录；财务记录和管理，等等。

4. 代理模特解决纠纷。帮助模特解决纠纷，上法庭打官司，作为模特代理的模特经纪人应从模特利益角度出发，将模特的名誉和经济损失都降到最低程度。与模特患难与共，模特有时会因种种原因或偶然因素陷入困境。这时经纪人应勇于站出来对模特加以保护。经纪人还必须提防媒体对模特的意想不到的攻击。

5. 开发模特无形资产。通过各种媒介的宣传对模特进行形象设计，上电视、上广告、上网络（开博客），最大限度地提高模特的知名度，赢得市场，再利用模特的知名度做更大的文章，从而获取更大的利益。

关于模特形象权的控制与保护。事实上形象权只是对那些真正有市场价值的模特，即一流的名模才有商业开发价值，而更多的职业模特不可能获得普遍的关注而成为商家追逐的形象代言人。对于真正具有商业开发价值的名模，模特经纪人还是应当充分保护和行使自己的开发权，以实现最大的利益回报。把握好模特形象开发的时机，有眼光的模特经纪人往往在模特尚未成名时就开始将其收归自己的麾下，并在最适当的时候将其推出，以获得最大的市场开发价值。

6. 代理模特投资。模特一方面参加演出，一方面利用自己的资本积累、社会地位和名气开始投资。对模特的投资给予咨询甚至代为管理正在成为模特经纪人新的服务领域。

7. 模特职业和素质培养。保护模特的经济利益只是经纪人职责的一个方面。经纪人另一个突出的作用在于向模特提供个人生活和职业方面的建议，帮助他们作为社会的一份子发挥自己的作用。经纪人要善于发现模特的需求、目标、价值和个人情感，在确定合同时包容其独特的个性。经纪人在提供个性化服务时，要及时预测模特可能陷入的各种困境，提醒和告诫他们如何预防和防止可能发生的各种困境和伤害，学会与各方人士打交道等。经纪人还应要求模特严肃履行义务，维护良好的公众形象，鼓励他们涉足模特以外的领域，为模特生涯结束后的生活做准备。

8. 品牌策划推广与模特对接，帮助企业开展宣传，树立品牌和形象，为企业时尚秀提供创意组织、制作、演出、营销等服务。帮助企业寻找模特明星代言人，并洽谈合作条件。代言人的标准为：值得信赖，受大众喜爱，负面宣传风险低，符合市场需求；另外也要考虑消费者对代言人的熟悉程度，产品性质与代言人类型的相关程度，代言人的社会期望与特色，等等。

FASHION

第四章

模特肢体语言的训练

第一节　合理营养及饮食指导

一、营养与饮食的重要性

健康源于均衡的营养，营养也成为美的重要因素，从食物中摄取人体所需要的各种营养素，有良好的营养物质支持是健康的保证，也是模特美丽的基础。服装模特这门职业非常辛苦，吃不上饭、睡不上觉、卸不了妆是最为常见的非正常生活状态，当这些问题达到一定程度时，身体就会发出警报，体现出一些信号如营养失衡、贫血、神经衰弱皮肤问题等。如何补救、怎样对待这些信号的出现就成了我们首要面对的问题。对于模特来说，身体和皮肤的保养就是延长职业生涯的关键。

营养和运动量是保持形体的重要措施，模特应掌控自己的运动量并根据营养指导进行形体管理。能量是一切生命的基础，人体每天从食物中摄取的能量应与维持正常活动所需的能量相平衡。营养素即蛋白质、脂肪、碳水化合物、维生素、矿物质、水、食物纤维等应保持均衡。其中蛋白质、脂肪、碳水化合物是提供能量的，维生素、矿物质、水、食物纤维是调节人体机能的。人体每天从食物中摄取的能量如果大于人体每天维持正常活动所需的能量则体重增加；如果小于人体每天维持正常活动所需的能量则体重减少。在摄取的能量一定的情况下，运动量大则体重减少，运动量小则体重增大。

二、均衡营养、合理饮食的方法

形体训练与饮食营养的关系非常密切，合理的饮食习惯能更好地帮助模特有效控制体形。减肥早已成为当今社会的一个热门话题，就身材来说，对于模特这个特殊职业的要求更为严苛。因为现今人们对于减肥的误区太多，受影响面也非常广，尤其是对身体健康的影响和危害极大。通过了解饮食的规律和营养均衡的重要性等相关知识，在膳食中挑选富含膳食纤维的食物，对减少脂肪的吸收和摄入有着重要的作用。

体重较重，需要减脂的模特，在训练前不能提前储存热量，要在饥饿状态下运动，当血糖下降时，身体会调用肝糖来提供热量，达到燃烧脂肪的目的。运动一小时内也不要进食，因为这时的新陈代谢非常旺盛，急需能源补充并且吸收性特别强，如果马上进食，身体会超量吸收，导致肌纤维变粗而形成块状肌肉，起到减脂的反作用。

需要进行增肌训练的模特，在训练后的那一餐至关重要。当摄入恰当的碳水化合物时，能把训练造成的分解代谢状态（燃烧肌肉供给能量）转变为合成代谢状态（增大肌肉体积），成败与否取决于如何摄入碳水化合物。训练后摄入碳水化合物，能促进胰岛素（一种合成代谢激素）的分泌。胰岛素在肌肉恢复过程中有3个重要作用：第一，能把来自含碳水化合物食物的糖"驱动"到肌肉组织中，为下次训练储备能量；第二，能把来自含蛋白质食物的氨基酸"驱动"到肌肉组织中，促进肌肉生长；第三，能抑制肾上腺皮质激素（人体在大强度训练时分泌的一种激素）的分解代谢作用。女模特一般每天碳水化合物的摄入量为每磅体重2～2.5 g，男模特为每磅体重2.5～3.5 g。为了最大限度地利用训练后合成代谢的机会，最好把每天碳水化合物总量的25%安排在训练后立即食用。

如体形标准的模特，无需减脂或增肌，只要做到有效运动和正确饮食，以保持良好的形体：

（1）少食多餐，把每日三餐的食量分配到4～5次，晚餐要适当减少进食量。

（2）锻炼中可以少量多次地补充温水或淡盐水，不宜饮冰水。饮水时不可过急、过多，更不要感觉口渴时才饮水。锻炼前后的2个小时，应适当食用一些蔬菜、水果，但过甜或淀粉含量较高的水果不宜多食，更不要空腹进行训练。

（3）切记在锻炼前后的1个小时内不要吃正餐，因为血液正需要为肌肉输送氧时，它却被迫去消化食物，这样会造成身体不适，出现恶心等不良反应。

（4）睡觉前3小时之内不要食用任何食物，以免睡眠时加重心血管系统和消化系统的负担，并增加体重。

（5）为了保证食物的营养价值，提高食物中各种元素的摄取量，最好使用简单的烹调方法。

（6）不食用油炸、辛辣、熏制和含酒精的食物。

服装表演专业的特殊性与专业性，使得模特对于美的要求有着更高的标准和不同的需求，但形成美的因素是综合的，从某种角度来说，形成美的因素也是可以量化的。这在中国居民膳食营养素参考摄入量中即对人体需要的各种营养素参考摄入量就有明确的标注，而这一点在平日的生活中我们却很少关注，全面而均衡地摄入营养不仅对身体健康大有补益，对容貌的美化也同样产生重要影响。调整自身饮食习惯，培养科学的营养膳食观念，并通过正确的营养与美容护理指导，有效预防营养失衡和保养不当而引起的各种问题，这对于帮助服装表演人才提高健康生活水平，以及职业的发展都是大有益处的。

第二节　模特的形体训练

一、形体训练的作用与目的

形体训练是以人体科学为基础，通过训练来改变形体动作的原始状态，培养模特良好的身体形态，增强形体的美感，提高形体的表现力，使模特掌握形体训练的基础知识、基本技术和基本技能。因此，形体训练的基本目的应确定为：

改变和调整形体动作的原始姿态，使之纳入严格的服装表演规范之中；培养自身美的意识，养成注重形体美的习惯；提高形体表演能力以及完成服装表演技巧动作时控制姿态的能力。随着服装表演水平的不断提高，加强模特们的形体训练，提高模特们的表演技能便显得更加迫切。因为服装表演要通过人体的动作来展示服装艺术主题，通过人体的韵律、姿态、气质来展示服装的色彩、线条和质感。加强形体训练能力的培养，有助于模特各项技能的提高。美国超级名模辛迪·克劳馥视形体训练如同吃饭睡觉一样不可缺少，不管工作多么紧张繁忙，她每天都坚持1小时以上的形体训练，日复一日，年复一年，即使是出席重要活动或出国旅游也从不间断。形体美不外乎健康美、体形美、姿态美、动作美和气质美的范畴。时代不断进步，科技的发展促使社会变革，人类的审美观也在一次次的艺术革命中不断地改变和提升。因此，服装表演艺术的需求变得更为犀利，对于表演者的要求随之更为严苛，形体课程也就成为最基本的必要课程之一。从根本上训练出符合服装表演专业标准的人体衣架，这种具有良好身材和气质的模特更能赋予服装新的生命，利用其肢体的语言表达设计师的设计理念和服装的灵魂。

二、形体训练的重要性

（一）纠正不良身体形态

形体的美与否通过体格、体形、姿态3个方面来展现。体格主要包括人的身高、体重、胸围等，身高主要反映骨骼的生长发育情况，体重是骨骼、肌肉、脂肪等的综合变化状况，胸围则反映胸廓的大小及其周围肌肉的发育状况。

体形指身体各部分的比例，如上下身长的比例、肩宽与身高的比例、各种围度之间的比例等。体形是否美，主要取决于身体各部分发展的均衡与整体的比例和谐。姿态是人的坐、立、行走等各种基本活动的姿势。人体的姿态主要通过脊柱的弯曲程度、头、手、脚及四肢的基本位置来体现。日常形体训练能够使青少年发育不良的骨形在训练动作的压力和拉力作用下，向正确方向发展，纠正骨形，健美身材；使身体各部分的肌肉得到协调匀称的发展，脂肪减少，且肌肉的协调性与灵活性增强。

（二）陶冶心灵，培养气质

气质是指人相对稳定的个性特征、风格以及气度。气质美看似无形，实为有形。它外化于一个人的举手投足之间，走路的步态、待人接物的风度等皆属气质。气质是时装模特的灵魂，只有具备了良好的与众不同的气质才能成为优秀的模特。不同的运动项目根据其特点对人的气质的影响也不同。形体训练课是融体操、舞蹈、音乐于一体的新型综合课程，其内容丰富多样，它能以其独特的形式营造特殊的课堂训练气氛，使人始终处于快乐而富有美感的运动中。通过具有针对性的形体训练课程，与训练道具有机结合，陶冶美的情操，达到身心合一的效果。

（三）改善身体的协调性、灵活性

服装表演是用形体动作来展示服装设计师构思的，要想熟练地展现服装设计师的创作意图，体现服装整体效果，不仅要有漂亮的形体和优美的姿态，还要使肌肉具有良好的协调性、灵活性和节奏感。各种类型的服装表演都是由全身各部位变化万千的连续动作表现出来的，只有身体各部位的肌肉恰到好处地协调用力，才能使服装表演表现得富有流动感，且充满活力和激情。形体训练是体育与美的完美结合，它不仅将训练过程与模特的审美活动有机融合为一体，而且将模特美的意识及优雅的动作融入生活中，使模特在生动愉悦的心境里改善身体的协调性、灵活性。

（四）增强体质，增进健康

形体训练可以充分地发展模特的身体素质

和机能，能够有效发展模特的灵敏、协调、柔韧、力量、速度、耐力等素质。经常进行形体训练有利于肌肉、骨骼、关节的匀称与和谐发展，使身体变得强壮有力，而且在整个形体训练过程中，虽然学生的运动负荷不大，但整堂课练习密度较高，模特处在不停地运动当中，是一种低负荷的有氧运动。我们知道有氧运动可以加速体内脂肪的分解，消耗身体多余脂肪；使肌纤维变粗且坚韧有力，改善血液循环及新陈代谢，骨质更加坚固，加强关节的韧性和灵活性；增强心肺功能，提高消化系统的功能，加强人体的防御能力，提高身体机能。

三、形体训练的内容

（一）把杆训练

把杆是舞者基础训练用的一种专业器材，它能够帮助模特在完成动作时调整重心、掌握平衡。把杆训练是气息、力量、稳定性及柔韧性训练的结合，是全方位综合训练的基础，具体包括压肩拉伸训练、擦地训练、下蹲训练、小踢腿训练、单腿蹲训练、压腿训练、腰部训练、踢腿训练、波浪训练等。训练时应不断地更换组合的动作，以适应课程进度的需要，培养自身的美感以及正确的动静姿态（图4-1）。

（二）身体各部位训练

身体各部位训练包括头部、肩部、胸部、腰部、胯部、腿部、臀部的训练。主要练习身体的协调性、柔韧性、节奏感。长期规范的训练可使人体健康丰满，增强身体各部位的表达能力，四肢匀称和谐，肌肉线条清晰而富有弹性，关节灵活。同时还可以防止身体的机能和肌肉老化，预防和克服身体各部位的畸形和疾病。除了常规训练，还可加入爵士舞蹈元素，利用舞蹈特殊的发力方式与动作进行各部位的训练（图4-2）。

（三）活动性组合训练

活动性组合训练包括弹腿勾绷脚、高抬踢腿、踢前腿、侧踢腿、蹁腿、盖腿、小弹腿等训练。动作编排具有较强的线条性，刚柔相济，能调动肢体，运用屈、伸、拉、绷、直，将肌肉内能量向身体垂线凝聚，从而使身体产生整体向上升起的感觉与动势。这些动作可以打开肩部和胯部关节韧带，加强腰的柔韧性，增强腿部和后背肌群的弹性和力量，增强模特的控制力、平衡性和身体协调性、创造力（图4-3）。

（四）地面动作训练

地面动作训练一般包括上半身运动、下半身运动、腰腹部、臀腿部运动等训练。训练时要不断地强调基本形态与位置的准确性、整体姿态的协调性，从基本形态与位置入手，循序渐进。此训练能够改善肌肉线条，防止脂肪堆积，达到保持优美线条、健美肌肉之功效，还可以加入瑜伽基础动作，起到舒展身体、增强腰腹和核心力量的作用（图4-4）。

图4-1　把杆训练

图4-2 身体各部位训练

图4-3 活动性组合训练

图4-4 地面动作训练

（五）舞蹈组合训练

舞蹈是一种表演艺术，一般有音乐伴奏，是以有节奏的动作为主要表现手段的艺术形式。舞蹈组合训练能够从流畅的动作和造型组合中锻炼模特的肢体协调度，也能够根据不同风格类型的舞蹈，培养模特对于不同风格服装的表达能力。舞蹈组合的训练一般可从古典舞、民间舞、芭蕾舞、现代舞、体育舞蹈中选取具有代表性的动作元素，结合服装表演的特点，组成易于抒发和表达情感、动作流畅的舞蹈组合。训练时应注意动作风格的独特性，及身体姿态的协调性，力求为服装模特表演风格的形成打下基础。

（六）肌肉训练

模特形体的测量与评价系统主要对模特的身体脂肪含量、肌肉塑形、身体姿态3个方面来进行评价。肌肉训练包括上腹、下腹、腰、上臂、臀、大腿、小腿和大臂后侧，这些部位都是人体容易囤积脂肪的部位。肌肉和脂肪的存量有关于体重的增减、胸腰臀三围的达标与否。训练时可应用体操运动员的倒立、踮脚跳、跳箱等动作，以及芭蕾静态技术的手段，通过把杆练习使举手投足间都找到正确的肌肉感觉。通常肌肉训练从提高大肌群力量开始，再发展小肌群的力量，同时通过与饮食的营养搭配来完善形体训练，使身体各部分的肌肉得到匀称、协调的发展，实现各部位的肌肉恰到好处地用力。

（七）柔韧性训练及放松

柔韧性训练解决的是软度问题，一般包括开肩、压腿、拉韧带、开胯、下腰。开肩的方法有很多种，但我们要注意的是借助他人力量开肩时，要选择有经验的对象，否则会造成肌肉拉伤。在进行柔韧性训练时，模特需要全身心放松，不可用力拉伸，否则会使肌肉更加紧绷。同时还要正确呼吸，正确的呼吸有助于轻松地打开肢体部位，有助于完成柔韧性训练。柔韧性训练可以借助某些瑜伽动作，通过练习瑜伽的方法提高自身的柔软度，同时还能完善自身形体曲线。有针对性地进行柔韧性训练，有利于提高学生掌握技术动作准确性及舒展性的能力（图4-5）。

图4-5　柔韧性训练及放松

在进行放松时，一般选用不需要器械的被动放松，这是缓慢、拉伸性的放松，而且还可以起到降低神经和肌肉兴奋性的作用。应选择优美舒展、能使全身各部位缓慢拉长的动作，放松全身过度紧张和疲劳的肌肉，使全身每一块肌肉形状趋于饱和又富有弹性。放松做得好，肌肉线条趋于完美，才能对训练起到事半功倍的作用。

（八）基础拉伸训练

拉伸运动也是一种健身方法，可以使韧带肌肉和关节与关节之间的配合更加柔和，减少受伤的可能性。基础拉伸训练多采用芭蕾基础训练作为支撑，以多种拉伸训练、组合训练为辅。芭蕾的基础训练有助于拉伸肢体的韧带、拉长肌肉的线条、增加肌肉力量，是提升人体挺拔度和整体气质最有效的方法。长期的基本功训练会使原本不合理的形体状态得到改善，这一点主要体现在男模身上，男性的肢体协调能力相对较差，韧带相对较紧，所以训练顺序是从基本的把杆拉伸、芭蕾基本手位脚位到跳跃等脱把的地面动作，由简到难循序渐进使零基础的学生能够适应训练强度。通过基础拉伸训练，模特由此逐渐形成挺

拔、匀称、完美的体态，并学会表达肢体语言的空间延伸感，从而增强人体线条的美感，便于在今后的服装展示中利用自身的气质更好地演绎服装的内涵（图4-6）。

（九）有氧训练和无氧训练

有氧训练（图4-7）是采用中小强度的，以有氧代谢供给为基础的长时间的运动。跑步、跳绳、骑自行车、跳操等都属于有氧运动的范畴。有氧运动的主要目的在于锻炼人体的心肺功能，且有良好的减脂作用，可以快速地消除脂肪。但是现今的服装表演需要的是具有修长柔和肌肉线条的衣架子，这样才能撑得起衣服，驾驭得起时尚，此时就需要无氧运动来帮助训练肌肉线条。无氧运动是在氧气摄入量非常低的时候进行的速度快、爆发力迅猛的运动，在短时间内能够消耗掉人体内巨大的能量，是很好的代谢途径。无氧运动主要作用是增强肌肉的耐力，促进肌肉的生成，增强皮肤的弹性，使人体的体质转化为不易发胖的体质。在运动量过大时容易造成肌肉的损伤和乳酸的产生，造成身体酸痛的训练后果。因此，无氧运动的训练量相较于其他训练较少。无氧运动在训练时辅助有氧运动，目的在于锻炼局部肌肉线条。由于服装表演要求表演者的躯干和肌肉线条相对修长，因此训练修长的肌肉块也属于形体训练的目标。无氧训练的力度与强度需受一定的控制，这样能够避免模特尤其是男模走入追求壮硕（大肌肉块）的训练误区，形成圆形肌肉从而显得身形较为粗犷、矮胖。有氧训练和无氧训练相结合是塑造形体最为快速有效的方法，前者重在减少多余脂肪，后者重在塑造肌肉线条，在训练时将两者相结合，使之相辅相成，达到减脂塑形的训练效果。

图4-6　基础拉伸训练

图4-7　有氧训练和无氧训练

第三节　模特的舞蹈训练

舞蹈是人们表现内部情感世界和外部动作语言的产物，是经过提炼、组织和美化了的人体动作，即舞蹈化了的人体动作。服装表演与舞蹈属于不同的艺术范畴，两者的艺术表现形式与手段有着天壤之别，但都是以运动的人体作为材料的艺术形式，都需要有风格、有韵律、有表现力的动作与造型等进行艺术表现。因此将舞蹈训练方法用于服装表演专业的教学，具有一定的合理性。舞蹈是专门训练人体动作的艺术，涵盖了几乎所有服装表演模特所要求的能力范畴，不仅可以矫正不良姿态，塑造完美体形，培养优雅气质和鉴赏能力，而且可以使肢体更加灵活、柔韧和有力量，能使模特更好地驾驭高跟鞋。

舞蹈带有很强的表现力和风格特点及对内心情感的要求，不但要求有肢体动作还要求表达内在的思想感受，即所谓的舞蹈感觉和肢体语言，两者缺一不可。由此可见，舞蹈本身就是一种美的艺术形式，在优美的音乐、多变的节奏里，人体通过各关节各部位肌肉群的协调运动，创造出千变万化的姿态与舞步。让参与者身心合一、陶情养性、充分展示自我，使练习者的感情得到升华，从而获得鉴别与评价形体美、动作美、气质风度美及表现美的基本能力。模特通过舞蹈的训练，加强模特动作的协调性、节奏性与韵律性，提升肢体表现力与动作的美感，使模特在舞台上展示不同风格的服装。在舞蹈的训练过程中，各个方位、空间及人与人之间的位置的变化，能帮助模特快速记忆舞台调度及其变化，更快、更好地适应服装表演排练及演出的需要。

一、模特舞蹈训练的原则

（一）重视基础训练

基础训练有两个方面的含义，一方面是指最容易让人忽略的准备活动，另一方面指的是基本体态和动作的基本规律的练习。准备活动对于舞蹈训练有大量的帮助：从身体上看，它既活动了身体的主要关节、韧带和肌肉，使它们在软度、开度上得以提升，能有效防止运动损伤，也为训练时个人能力的进一步提升打下坚实的基础。同时，舞蹈训练前的准备活动，不仅使肌肉兴奋，同时也可以使神经兴奋，便于模特产生积极、主动的练习状态，因此准备活动不应忽视。基本体态是人体美和个人气质外化的表现手段之一，需要长时间练习方能达到动力定型，因此这方面的练习要贯穿始终。动作的基本规律包括动作的运动线、节奏、发力点、运动方式等内容。对动律的熟练掌握，模特能够快速接受并举一反三，有利于学习进度与质量的提高。模特对于舞蹈技巧的掌握不需要像专业舞者那样精益求精，只需要掌握基础训练的内容，达到模特应掌握的舞蹈基础技巧即可。

（二）重视舞蹈动作元素

动作元素是舞蹈片段的组成部分，动作元素的练习能增强动作的美感。本原则源于模特的工作特点，即当模特在舞台展示服装时，整段表演舞蹈的机会并不多见，往往是导演根据服装的风格要求模特，或是模特根据所展示服装风格做出某些表演动作。除此之外，当模特进行平面拍摄或T台走秀时，都需要造型。而动作元素练习能够帮助模特在造型的准确度、风格把握、美感呈现中得到提升。并且，舞蹈片段、小品都是由动作元素构成的，动作元素的练习也可以为进一步学习舞蹈打下良好基础。

（三）重视舞蹈表达意蕴

本原则强调的是在学习动作的基础上，应重视动作内在的韵律与意蕴，即动作的感觉与"味道"。在练习舞蹈的过程中，我们会发现：同样的舞姿似乎在不同的舞种中都留有影子。其实，身体不同部位的组合而形成的姿态有很大的重复性，即使在体操、瑜伽动作中也可以发现舞蹈姿态的影子，但它们毕竟不是舞蹈，因为舞蹈动作体现的是沉积在一个民族、地域、创作者的审美，是某种情绪、某个认识的体现，而这些情绪、情节、审美等赋予动作更大的张力与感染力，这也是对服装表演模特的动作要求。因此在学习动作的过程中，要重视动作内在的感觉，并在动作中表现感觉。

（四）重视舞蹈的创造性

无论是动态展示，还是平面拍摄，模特的表现都需要有很强的创造性，而模特的创造性又具有"即时性"和"瞬间感"的特点，既要"来得快"，还要"变化多"。因此，舞蹈课程不应停留在"记动作"上，舞蹈学习的第一层面应是通过大量的动作练习，掌握动作规律；第二层面则应当活用动作，即对动作进行创造性使用。通过改变动作力度、速度、幅度等方面，动作的风格、韵律能表现出不同的情绪、情境。在舞蹈训练中遵循这个原则，模特便能够在诠释不同风格的服装时迅速找到展示方法，不受时间空间的限制，体现出自身的专业性。

二、舞蹈在肢体语言训练中的运用

所谓现场服装表演模特的表现方式，就是在服装表演进行中，为了更好地配合服装表演的主题，策划者让服装表演的模特同时作为舞者进行表演，并认为身着设计师或品牌服装的模特在舞台上同时担当两个角色，能使整个舞台变得和谐融洽，更能带动舞台气氛，使整场服装表演变得更有观赏性。

我们总是能在服装表演中的造型及模特的平

图4-8　舞蹈在肢体语言训练中的运用

面照片中看到舞蹈元素的影子。将舞蹈中的某一动作和模特的造型稍加结合便能得到具有创造力，且具有个人风格的独特造型。模特在表演时加入舞蹈元素，良好的形象、气质会为观众带来美好的第一印象。不仅要把每个动作做得规范，还要掌握形体语言的表达方式，并且运用形象、气质的美来提升模特表现力。服装表演模特的舞台动作既要生活化，又要有强烈的艺术气息，选择学习多种舞蹈可以训练模特们的综合素质，同时也可以通过对每一类舞蹈动作的区别，来培养模特们诠释不同风格的能力，慢慢找到专业的感觉。

服装结合充满意蕴的动作与表情，让观者身临其境，感同身受。此时能够通过想象力使舞蹈具象，用想象来理解音乐的旋律，用想象来领悟音乐的内涵，使自己的脑海中浮现的多种情景和意境，通过面部表情和肢体动作自然地表现出来。

在舞蹈练习中，为了更好地提高模特的形体表现力，可以适时采用意念训练法。从单个动作的练习到成套练习，一定会先要求模特们根据音乐带入的想象情景，由思维转达心理，再由心理发出生理动作的指令，最后形成自然流畅的动态表现进行练习，这样不仅使模特达到了对音乐的理解训练，还自然地在特定环境中形成了独特的节奏和情绪，最重要的一点是培养模特对舞蹈的浓厚兴趣，完成动作时能够流露出更为真实自然的效果。在服装表演过程中，能制造意境、调节气氛，让人意犹未尽（图4-8）。

三、不同舞种对模特肢体语言表达的提升作用

（一）芭蕾

女模需要有一定的艺术气息和丰富的内涵，让自己变得由内而外的美，在展示服装的时候更具有感染力。因此，形体训练必须配合修身养性的潜在因素来进行灵魂与心灵的训练。而芭蕾是所有舞蹈中最重视高贵气质的一类，对于塑造高贵的灵魂和美好的心灵有着直接而深远的影响。芭蕾动作越是熟练，其身心和谐的程度就越是加深，最后能够达到专业女模的素养标准，并能够丰富创造力和想象力，表现出更美的姿态，诠释出更美的意境。

芭蕾舞的基本动作主要包含"开""绷""直""立"等。对于"开"来说，主要是指身体各个部位要向外打开，特别是肩部、胸部以及胯部等关节部位的外开，对模特形体塑造、行走姿势有重要的指导意义。尤其是模特在做动态展示时肩部、胸部以及胯部的协调性非常重要；对于"绷"来说，芭蕾舞蹈训练中，要确保肌肉状态保持高度的绷直性和延长性，对于服装表演者最直接的帮助在于静态和动态展示中体态姿势的帮助；对于"直"来说，芭蕾舞练习需要身体向上直立，这成为芭蕾舞的重要表现形式，将挺拔高雅的气质凸显出来，在服装表演中挺拔高雅的气质是整个表演者的灵魂；对于"立"来说，主要是指要确保身体向上而立，这与"直"之间的关系是紧密联系、密不可分的。模特在动、静态展示中都要求有挺拔高雅的形体气质，芭蕾舞训练可以起到调整体态气质的作用（图4-9）。

（二）拉丁舞

拉丁舞，又称拉丁风情舞或自由社交舞。拉丁舞是大众舞蹈，随意、休闲、放松是它的特点，有较大的自由发挥空间。拉丁舞舞种本身包括伦巴、恰恰、桑巴、牛仔和斗牛舞这5个类别，而每个舞种均有各自舞曲、舞步及风格。多数的

拉丁舞者在训练时保持微笑，长时间的训练可以让面部表情更为丰富，对于服装表演的模特来说对其表情管理也有一定的启发性帮助。拉丁舞对于体重指数、腰臀比和体脂有一定的要求。作为模特，服装时尚的引领者，在腰臀比、体重和体脂方面有更加严格的要求。多加练习拉丁舞不仅有助于提高模特的形体线条美感，还能拓展模特的眼界和丰富模特的展示风格（图4-10）。

（三）街舞

街舞在"嘻哈文化"中地位尤为重要。在中文释义中，它被称为嘻哈，"Hip-Hop"是它的英文名称。它的动作是由各种走、跑、跳组合而成，极富变化，并通过头、颈、肩、上肢、躯干等关节的屈伸、转动、绕环、摆振、波浪形扭动等连贯组合而成，各个动作都有其特定的健身效果。

街舞注重节奏和韵律，这也是服装表演者必须具备的素养。模特在动态表演中对于音乐的节奏和韵律合理地运用个体的素养知识予以理解消化。街舞动作更多与小关节的运动相关，能较好改善模特的协调能力和应变能力。街舞动作力量性较强，需要舞蹈者有较强的爆发力，因此能消耗较多的热量，可帮助模特有效控制体重。街舞崇尚个性自由与反叛精神形式，其

图4-9　练习芭蕾提升美学修养和气质美感

图4-10　拉丁舞的形体线条美感

HIP-HOP

JAZZ

轻松随意的外在气质可以帮助模特传达相应的角色感受。

（四）爵士舞

作为当下年轻人中受众面很广的爵士舞（Jazz Dance），最初由非洲黑奴传入美国南部，在爵士乐百年间的渲染和陪伴中，以取百家之所长的势头融合了芭蕾舞（Ballet）、现代舞（Modern Dance）、戏剧舞（Theatre Dance）、交际舞（Social Dance）等多民族、多地区、多元化舞种的特色为一体，经过美国本土化、流行化的普及与流变，逐渐形成了我们今天所见、所学的"爵士舞"。爵士舞基本功在"点、线、面"的概念中对"点"和"线"的训练方面，尤为强调和重点关注。爵士舞的"点"强调每一次定点的力量性、稳定性和动作风格性的质感，在舞台表演中已发展成为爵士"pose"的每一次亮相或舞段之间的"过渡造型姿态"。爵士强调身体局部诸如肩、胸、腰、胯、膝等的动作，讲究多种节奏相结合，通过爵士舞的训练可以提高模特肢体动作和音乐的契合程度，提高模特对于音乐的

韵律、节奏的把控。另一方面，"S形态"则是爵士舞最为常见的"线"形，给人以大胆前卫的、明显的西方式视觉冲击。爵士的精神体现为"即兴"和"个性"，爵士舞也展现出了这一精髓，有很强的个性与即兴性，爵士舞舞步多样性的表现形式可以帮助模特形成灵活自如的身体反应，丰富多变的角色体验可帮助模特掌握刚柔并济的动作表演能力和提高即兴的应变能力（图4-11）。

（五）弗拉明戈

弗拉明戈是一种融歌唱、舞蹈、乐器（吉他）为一体的艺术形式，是西班牙舞蹈文化的标志。可以说西班牙舞蹈文化即"弗拉明戈"艺术。在情感表达方面，弗拉明戈是一个充满情感的艺术，其舞蹈热情奔放而又蕴含无限的忧伤，被称为"冰山上的火焰"。

由于弗拉明戈的体态基于芭蕾基础体态之上，强调直立挺拔的体态，因此，它更加强调身体的"挺"，与模特走台的体态要求十分吻合，能帮助模特在台步训练中形成良好的"挺拔"形体姿态。弗拉明戈的亚欧混血特征，既有欧洲民族的大气豪放，又有亚洲民族的含蓄细腻，因此，其可以冷漠、矜持而又热情、开放地表达情感，有助于模特的多元化表演风格的形成（图4-12）。

图4-11　充满个性的爵士舞

图4-12　弗拉明戈利于模特风格的形成

（六）民族舞

民族舞是指产生并流传于民间、受民俗文化制约、即兴表演但风格相对稳定、以自娱为主要功能的舞蹈形式。其特点是自由活泼、巧用道具、技艺结合、情节生动、形象鲜明，情之所至，即兴发挥。民族舞的"形"体现的不仅是舞蹈动作所带来的曲线美和舞蹈者自身的气质美，还有舞蹈动作由静到动，由动变静的变化美。舞蹈的生命力则在于这一个行为动作发生的过程。服装表演者也是动静结合的表演形式，在体现"形"上与民族舞有异曲同工之处。民族舞的"神"是舞者在舞蹈中的心态，是舞者支配舞蹈动作的意识，舞蹈不是简单地去完成动作，而是使自身的意识与艺术共呼吸的一种过程，舞者在这个过程中不断地释放自身对于艺术的想象力。模特在表演相关风格的设计作品时也要将自身的意识和艺术作品相融合。如我国少数民族民间舞体现我国多民族的文化差异，带有高度的概括性和强烈的民族色彩。模特通过对民族舞的学习可以深化对民族服装的理解，在展演中能巧妙地将民族舞的动作运用于民族服装的展示中，这样就能更好地展示服装的内涵。在带有民族风格的服装表演中，所展示的服装带有哪个民族的特征，便让模特做出相应的舞蹈动作，让观众有眼前一新的感觉。如在表演带有傣族风情的服装时，就可以让模特在刚出场时摆出孔雀舞的舞蹈动作，以此吸引大众的目光，用优美的舞蹈动作带给观众耳目一新的感觉（图4-13）。

在服装表演中，舞台表现力具有丰富的象征性，不同风格的舞蹈形式可以训练模特的体态语言，丰富人体语言的表达。模特在服装表演过程中，会遇到各种不同风格的服装，为了呼应和升华整场服装表演的主题，舞蹈形式的介入与表演的服装风格息息相关。在中国传统服饰的表演中，将中国古典舞中的舞蹈动作运用其中能体现出服饰的雅韵之美。婀娜的舞姿伴随模特典雅的台步，服饰的风格被诠释得淋漓尽致（图4-14）。

不同风格的服装表演，体现不同的文化与审美，策划者会根据其特点来设计各种不同的表演形式。作为模特，展示不同风格的服装是对各种形象角色的体验。在舞蹈学习过程中，模特可以从不同风格的舞蹈类型中体验不同的角色，了解和收集不同风格的舞蹈元素，感受沉淀在角色身上的文化基因。这样有助于模特扩展视野，丰富肢体语言的储备。

图4-13　傣族孔雀舞舞蹈动作

图4-14　中国古典舞舞蹈动作

第四节　模特的影视表演训练

一、服装表演与影视表演的共性

服装表演与影视表演在一定程度上具有相似之处。首先，无论是服装表演，还是影视表演，都是一种艺术表演形式。狭义上说模特是通过肢体语言来展示设计师的创作初衷，服饰的性能、款式以及造型艺术；影视表演中，演员的创造手段可以有表情、动作，演唱与演奏等形式来塑造人物形象，传递情绪与情感。服装表演在舞台上展示的是一种服饰的艺术，而影视表演则是在镜头里展示一种剧情艺术，两者同为艺术表现形式，两者也都是艺术表演舞台上不可或缺的组成部分。

其次，在表演的过程中，两者均需要扮演不同的角色。在服装表演中，模特需要通过自身的形体形象来展示服装所要求扮演的角色；在影视表演中，演员可以通过动作语言形象来展示剧情角色。

最后，更为重要的相似之处便是两者均需要情感支撑。对于服装表演与影视表演而言，外在扮相是关键，更离不开的是内心的情感，情感是模特形象与演员角色成立的依托。

二、影视表演的训练方式在服装表演中的运用

随着社会的进步，文化产业的发展，模特行业更普遍地走进大众的视野，因此，观众在欣赏模特的表演时，要求也越来越高。当今社会，对于服装表演的要求已不再单一地停留在服装展示基础上，更多的是模特在服装表演时对形体的表述能力上。最常见的服装模特训练方式即模特肢体的协调性及灵活性训练。这种训练存在一定的短板，无法满足对形体的表述能力的训练，因此需要借鉴影视表演中训练演员的方法来弥补服装表演训练中的不足，使模特不再只单纯地展示形体，更展示形体之下的潜在语言。

（一）解放天性

在训练的过程中，除了对肢体的协调性与灵活性的常规训练外，还可以结合影视表演中解放天性的训练方式，加强形体的表达能力。解放天性的训练可以帮助模特们打开自己的肢体，解放模特的天性，训练出更好的形体表现能力，继而利用肢体动作表达角色需要。在服装表演中，外在形体表现为两个方面：一是表情与眼神；二是

图4-15　解放天性造型训练

造型。两者相辅相成，缺一不可。

解放天性是通过一系列的方法和手段，使得表演者身心放松，排除杂念和制约，以一种良好的、正确的表演状态投入所设定的规定情境中，体现人物的活生生的精神生活。借鉴影视表演中解放天性的训练，使模特在面对观众时不紧张，把束缚在模特内心深处的潜能充分地挖掘出来，毫无制约地完全投入表演中，淋漓尽致地用形体外化真实地展现出设计师的意图，而不仅仅是将一些服装主题的肢体动作简单地比画出来（图4-15）。

（二）训练表情与眼神

在服装表演中，面部表情属于非语言信息类，也是最佳的传输方法，具有穿透性，也是最具有说服力的沟通交流方式。模特的表情运用必须符合服装的主题风格，真实自然地流露出来，要想做到利用表情与眼神正确地诠释服装的特色风格，需要长时间的培养与训练。在模特解放天性的训练中，可以用各种不同的音乐片段来刺激模特的表达欲望。在训练的过程中可以加入音乐感知训练。音乐是形体训练的灵魂，任何一位模特在训练的过程中，都要善于听懂音乐、分析音乐，了解音乐的情感，并将感受到的音乐情感利用面部的表情与眼神来传递。表情与眼神被称作是形体语言，在服装表演中，模特们要用独有的形体语言辅助形体的表达，完善形体语言，展示服装的艺术，从而达到表情、眼神与肢体动作的协调统一，让观众们领略服装所带来的美（图4-16）。

（三）训练姿态造型

服装表演造型就是模特在服装表演中贯穿始终的连续性或是相对静止的姿态活动的外在表达方式。首先，模特们在服装表演的过程中，需要大脑对服装形成一种展示的意识，引导自己的形体形成一套完整的语言动作，然后再通过手、脚等肢体的配合变化形成一套造型，再将服装的美感通过自己的肢体造型最大限度地表现出来回馈给观众，并引起观众的回应。对于服装模特的造型而言，首先要符合服装的理念与风格，服装的美是展示的基础，而不是单纯展示模特自身的美。其次，模特的造型要与服装的主题风格、结

图4-16　表情与肢体动作的协调统一

构与款式相匹配，这样才能更好地突出服装设计的重点，也能够让观众看清服装所要展示的细节等特征。

在姿态训练中会进行一项动物模拟练习。动物的内外部特征比较明显，易于捕捉，比较容易解放模特的肢体，摆脱拘束，开发想象力及舞台适应能力，帮助模特逐渐地把自己多年来形成的"羞涩、面具、虚伪、盔甲"等不利于表演学习的因素排除掉，真实地、真挚地投入到服装表演的学习。同时，模特不仅要全身心地投入训练，而且要"真听、真看、真思考、真感受"，运用想象力、表现力、信念感、形象感等表演元素进行艺术创作，通过自己的肢体动作有机地组织舞台行动，为下一步在规定情境中更好地运用行动进行角色创作打好基础，也有利于心理与形体的解放。

例如，要展示一套极具线条感的服装，那么就要强调模特体态中的曲线特征，从而展现高贵却不失妖娆与性感。这时就可以借鉴模蛇来突显出女性妖娆的、柔软的体态造型。蛇是生长在草地或者水中的又长又瘦的动物，它没

有腿脚，但却可以靠腹部快速移动，在模拟蛇的动作过程中，模特们需要把握住肢体行走的速度、灵动，且配合上那摄人心魄的眼神与表情，做出一些与蛇的形态极为相似的造型。

又例如，模特需要展现一套雍容华贵的露背礼服，露背无疑是一大卖点，需要模特在表演的过程中充分地利用肢体造型来展示这一设计特点，借助背身或者侧身反叉腰等一些夸张且极具肢体柔软度的动作来使得观众把注意力集中在背部的细节处理上。这时可以借鉴模拟猫的肢体动作，如猫在苏醒的过程中，需要借助头部以及背部塌腰并伸展做出一个伸懒腰抬头的动作，这时背部的伸展动作就是一个柔软且缓慢的造型展示过程，可以很好地运用于表演中来展示服装背部的特色。

在训练的过程中，模特需要利用对动物的观察、素材的积累，来模仿各种不同形态的动物，体会肢体动作的多元化展现。在动物模拟的基础上，进行人物模拟训练，仔细观察生活中不同行业、不同特点的人群，在肢体的外化表达中展现出差别。

任何艺术活动，都离不开熟练的技术支撑，特别是进行服装表演。从一定意义上来讲，任何艺术作品的形成，任何艺术形象的创造，都离不开一定的物质传达手段客观化、对象化的过程。服装表演是以服装为创作核心来进行服装展示的艺术，这门艺术要借助符合服装主题的表情、眼神以及造型来将服装的艺术美感传递给观众。服装表演艺术与别的表演艺术不同，它是一门独具特色的无声语言艺术，它将不可见的服装意象转化为可见的形象。而作为形象载体的模特所追求的艺术情感的表达也正是依附在这些无声的语言基础上。模特需要通过持之以恒的形体训练、动作模拟来塑造肢体的灵活性与柔韧度，同时也需要通过音乐带入感的练习来培养模特们利用表情与眼神对于情感的表达与诠释（图4-17）。

（四）情绪记忆训练法

在服装表演的过程中，想要获得真实的情感体验离不开对于角色的扮演，而角色的扮演更离不开情感的传递。针对服装模特的内在情

图4-17 训练姿态造型

感训练需要联系影视表演的情绪记忆训练方法。情绪记忆又被称作一种情感记忆，它主要指的是之前生活中体验过的一种情绪或者情感内容。

影视表演的训练中，情绪记忆训练法有助于帮助演员在角色的呈现上创造出符合人物角色的真实的情绪与情感，任何的表演离不开情感的体验，而真实情感的外化则需要适当的方式来引导，从而刺激模特产生情感，更让模特在舞台上释放出符合服装主题的情感。情绪记忆的训练要求模特对于过往所发生的事情进行回忆，并加以创造来获得情感，在表演的过程中，将自身与角色合为一体，并且有效利用所记忆的情感。模特的训练过程中要经历回忆、体验与运用3个阶段。针对服装表演的情绪记忆，可分为具象记忆与抽象记忆的训练。

具象记忆在模特表演的过程中指的就是对外部环境的记忆，即服装主题所要展现的季节或者时代。外部环境的合理感受，可以很好地刺激模特内部情感的爆发。外部环境的感知对于模特的表演起着导向作用，没有好的外部环境的烘托便没有内部情感的演绎。抽象记忆在服装表演的过程中指的便是模特内心的情感，如期待、喜欢、甜蜜等。首先模特得到记忆的情感后，需要运用抽象的思维能力对于之前所提取的情感进行分析加工，再形成对服装主题的内涵精神正确认识后的情感，真正意义上做到与服装精神层面上的融会贯通。例如模特要展示运动休闲风格的服装则需要带给大家舒适自然的感觉，充满活力，洒脱超逸，台步是轻盈、活泼的。这时模特在抽象记忆训练的过程中，则需要记忆起曾经置身过的运动休闲的情境之中，想起那时生活中的悠闲自在的感觉，撤去工作的压力，逃离城市的喧嚣，充分地感受当时的愉悦，那充满生气的生活状态，也由此产生舞台上快乐轻松、步态轻盈自在的情感，符合休闲运动风格服装所要展示的主题。服装表演需要通过表演者来传递设计师的思想，而模特表演过程中的情感表达则是基础，通过影视表演中情绪记忆的训练，抒发表演中的内心情感，以此正确地引导观众欣赏服装的主题精髓。

三、影视表演中的戏剧性在服装表演中的呈现

很多品牌在服装走秀的时候会涉及简单的情景表演，比如运动品牌的服装发布会上，穿网球服的男女模特一般会手拿网球拍，在T台上模拟打网球的动作；泳装的展示则是戴着遮阳帽模拟在沙滩上被太阳照耀的场景；篮球服装的展示更是拿着篮球上场，充满活力地在台上拍几下篮球，这就是我们比较常见的服装表演中的戏剧性呈现。戏剧性呈现的服装表演更加考验模特的内心情感表达，同时丰富舞台的呈现效果，提高观众的观赏欲望。

（一）有效地凸显服装秀的主题性与戏剧性

在戏剧化服装表演中，舞台造型、音乐、编排、服装、模特的肢体动作，以及模特的化妆造型等都突出其主题性和戏剧性，这类表演生动有趣，同时可以运用高科技手段，在灯光的作用下打造特定的环境——超现实主义、虚拟的舞台设计效果等。

（二）丰富观众的感知系统

戏剧化服装表演加入情境再现的舞台设计，突出其生动活泼、整体性、故事性等，丰富了观众的感知系统，带来听觉和视觉上的冲击，给观众留下深刻的印象。在整场演出的编排中，要体现戏剧化服装表演的特征，有别于其他程式化等表演形式，掌握好整体演出的关键，理解和把握本场演出的主线，不能让观众的视线脱离服装，减弱对服装的印象，戏剧化服装表演的编排，不能太平淡无奇，也不可以太夸张，以免影响观众对服装的印象。因此在戏剧化服装表演中，编排创意也是非常重要的，具有较高的情节化的编排要求，才能达到完美和谐的统一。由此，将影视表演中的某些训练模式有效运用到服装表演中，可以创新服装表演的呈现。

第五节　服装表演中模特的造型训练

模特除了要具备人体自然美的特征，还必须掌握人体姿态美、动作美、韵律美的特点，运用恰当的肢体语言充分表现出服装依附于人体之上的风格美。服装与人体是相互依存，互为支撑，互为统一的。因此，巧妙运用模特肢体造型来表现服装与形体所创造的线条美和风格美是服装模特必须掌握的基本技巧（图4-18）。

一、形体造型外部形态塑造

服装表演中的形体造型从某种意义上说是一种外部直观的形象，它是通过人体的姿态来表现和完成的。服装表演的形体造型是人体若干面与空间诸多点以不同形式组合而产生的活动或静止的外部形象。因此在模特表演或训练中，我们应该了解形体造型中点、面的划分。

一般将服装表演造型的本体分为若干个面。

将整个人体的若干体积简单地分为3个面：头部为一个面，以鼻子为中心，称A面；胸部轮廓为一个面，以胸口为中心，称B面；腹部为一个面，以肚脐为中心，称C面。通常一套服装的展示造型主要通过胸部（B面）、腹部（C面）和四肢，以及人体中最引人注意、最富表现力的头部（A面）来体现服装款式的风格。因此，形体造型是通过3个面与空间诸多点的有机结合来选择外部肢体形象的（图4-19a）。

在了解服装表演人体造型所具备的3个面后，就要对3个面能表现的造型有所体会，将A面（头部）朝一方向；B面（胸部）朝另一方向，C面（腹部）依主力腿动作又朝另一面，我们可明显看到人体造型所起的变化，由此产生面的变化组合会造成体态改变，而形成形体造型的变化，但只了解造型面，却没有方向点的有机结合，造型动作是没有目的和方向的。人体造型动作的方向点是与空间诸多点相结合的，只有点与面的有机组合造型才有韵味和美感，尤其是在形体训练中。面和点的有机结合是模特掌握自身形体动作的重要方法和关键手段，需要熟练掌握和不断训练（图4-19b）。在形体训练中，我们将区域空间简单分为8个点，以8个点为例。将人体的四周分为8个点，正前方为1点，顺时针方向间隔45度为2点，依次类推成为空间的8个点。一个形体造型在确定人体的面与空间点结合的位置后，手臂、腿的配合也是较为重要的，具有美化造型、强调服装艺术风格的特点。模特在运用造型时，将人体不同的面朝向空间不同的点，再配上四肢的动作变化，便形成了风格迥异、多曲面、多变化的形体造型。如图4-20所示，模特A面朝1点方向，B面朝8点方向，C面朝8点方向，双臂交叉的斜侧面造型配合内衣服饰，展现出模特略带性感的造型。在这一造型中，手臂、腿部都能对造型起到美化作用，进一步强化服装风格。

图4-18　服装表演中模特的造型训练

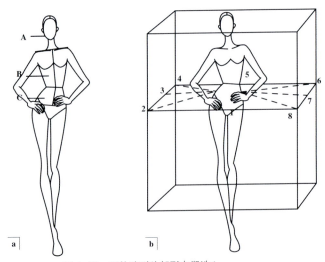

图4-19　形体造型外部形态塑造1

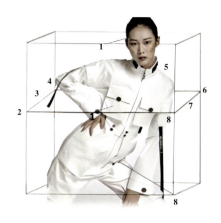

图4-20　形体造型外部形态塑造2

二、感觉意识

一个造型只赋予它点、面的外部形态，不足以说明造型的完美，更不能进一步体现服装的风格、个性、情感倾向，只有通过外部体形造型与内涵意识的有机结合，才能赋予造型真正的艺术魅力。也就是说，不仅要赋予造型外部的"形"，还应将"神"注入造型之中，即"神形兼备"。

所谓意识，就是人头脑中对服装的感觉认知及主观意象的创造。应该通过自觉的意识、意念、感觉来支配形体动作造型，而不是盲目地、纯机械地去完成。运用于造型中人的心理感觉、内心体验集中到人体的某个动作支点或集中到服装的某个局部，通过意念的作用把观众的视线和注意力集中到模特所要表达的服装上。图4-21a模特将意念表达集中到服装的流

苏上，通过面部神情和眼睛注视方向，将"神"注入于服装外形款式，从而引导观众视线。图4-21b的模特通过意念对服装款式的提示，利用模特视线方向，引导观众注意上衣的精巧设计，并通过手部对服装的提示来表达服装。

心理感受的应用过程是将意念、意识集中到人体的某个局部，从而起到强调服装风格和情感特色的作用，在表现过程中，脸部是人体最富有表现力的部位，模特可将对服装的感受理解通过面部表情、神态进行传达。

三、造型的基础手位

模特手部动作可丰富整体造型的变化，手部与身体其他部位的配合，可增强对服装的表达，对服装款式或局部起到提示的作用。

（一）手与头部的配合

头部是人体传达感情特征最显著的部位，头与手部的配合无疑会使造型更具感染力，并且突出面部轮廓，使观众视线的注意力集中于人体上部。如图4-22a中模特造型较为夸张，且亮点在于手部佩戴的戒指，因此，模特将手与头部进行配合，使模特柔美、妩媚特征更加突出。图4-22b手部造型变化，使造型更具平衡感，突出人物面部表情。非常规性手部动作应用，打破呆板的形式线条，产生新的视觉效果。模特手部与脸部配合，可强化服装的情感特色，使其"陶醉"的情感表达加强。

图4-21　感觉意识

图4-22　手与头部的配合

（二）手部与腰部的配合

手部与腰部的配合通过手部形态、手部位置的变化和肘部角度不同而形式多种多样。

正叉腰：手腕与手部基本持平，虎口向下，双手在身体两侧基本成一直线，也可单手使用（图4-23a）。

软叉腰：拇指与四指分开紧贴腰部，手腕下压，软叉腰可运用于不同服装类型，此动作较为女性化（图4-23b）。

反身软叉腰：利用身体角度的变化，产生不同的造型效果（图4-23c）。

反叉腰：四指在身体腰部后侧，拇指在前（图4-23d）。

拳叉腰：手部呈拳状，轻轻放于腰部，若双手拳叉腰，注意手部位置的变化（图4-23e）。

环抱腰：单手或双手轻环于腰部，需配合不同服装造型加以变化（图4-23f）。

手贴腰：手部轻贴腰部，突出腰部线条，此动作较女性化（图4-23g）。

图4-23　手与腰部的配合

图4-24　手与臀部的配合

（三）手与臀部的配合

手撑胯：手指下垂，手部贴于胯部（图4-24a）。

手贴臀：手部贴于臀后侧，多选用侧面、背面角度，多用于休闲装的展示（图4-24b）。

双手配合腰臀部造型变化较为丰富，双手配合应注意动作的协调性，注意画面构图应符合形式美法则，手部可采用一高一低、一伸一屈、同向、反向等多种形式，但应配合服装来选择合适的造型（图4-24c、图4-24d）。

（四）常用手部造型

按指手：食指向前微弯，拇指应按在中指中节指部位（图4-25a）。

亮掌手：最常见的手部造型姿态，手掌打开，亮出手心，食指伸直，中指与无名指、小指并拢向上弯曲（图4-25a）。

兰花指：手心朝上，中指与拇指靠近，像兰花的形态（图4-25b）。

交错指：手指相互交错，突出指部造型（图4-25c）。

单搭肩：非平衡造型，动作较女性化，可将观众视线引向肩部（图4-25d）。

双搭肩：平衡造型，上身呈收式造型，此动作装饰性强（图4-25e）。

双抱手：突出上体的手部造型，有冷傲之感（图4-25f）。

双搭手：双手相互叠搭在一起（图4-25i）。

单提手：模特在表演中使用最多的手部造型，此造型强调肩部、躯干、腰部的线条，单手微向上提，离开身体，突出形体线条（图4-25j）。

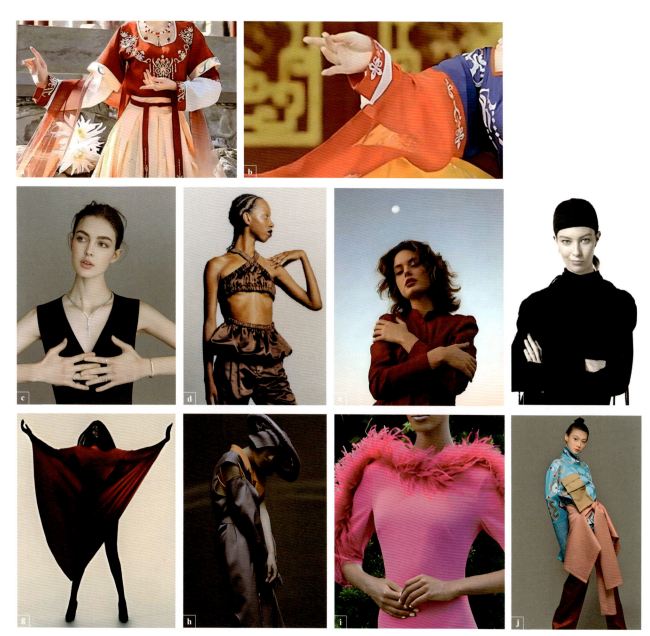

图4-25　常用手部造型

四、造型的基本脚位

（一）丁字步

常用站立方式。单腿重心，重心腿脚尖方向朝8点或2点方向，动力脚膝盖及脚尖朝1点方向，两腿之间约半只脚的距离（图4-26a）。

（二）分步侧点步

常用站立方式，单腿重心，重心腿脚尖方向朝8点或2点方向，动力脚与重心腿基本在同一水平线，双腿分开与肩同宽或大于肩宽，旁点地（图4-26b）。

（三）小八字步

单腿重心，重心腿脚尖方向朝8点或2点方向，动力脚膝盖向重心腿方向靠拢，两脚脚跟并拢，脚尖方向朝8点或2点方向（图4-26c）。

（四）交叉步

单腿重心，重心腿脚尖方向朝1点方向，动力腿前交叉点地（图4-26d）。

（五）侧前步

单腿重心，重心腿脚尖方向朝7点或3点方向。动力腿朝侧前方8点或2点方向，侧点地（图4-26e）。

（六）后脚虚步

单腿重心，重心向前，重心脚尖方向朝1点方向，动力腿朝后侧点地，脚尖方向朝前，两脚之间约为一只脚的距离（图4-26f）。

（七）分步直立步

双脚分开，距离与肩同宽，双腿重心，重心腿脚尖方向朝8点或2点方向（图4-26g）。

（八）靠步

单腿重心，双脚靠拢，重心腿脚尖方向朝1点方向，动力腿脚尖点地朝1点方向（图4-26h）。

（九）勾脚步

单腿重心，重心腿脚尖方向朝8点或2点方向，动力腿翘起，脚尖勾起，此动作常用于表现较为活泼的服装（图4-26i）。

（十）分步屈腿步

单腿重心，重心腿脚尖方向朝1点方向，动力腿朝2点，膝盖略微向外侧屈，脚尖方向朝3点（图4-26j）。

模特脚位训练是非常重要的，是区分新手还是熟练模特的要素之一。脚位训练一定要到位，这对提升动作的协调性是极为有利的。

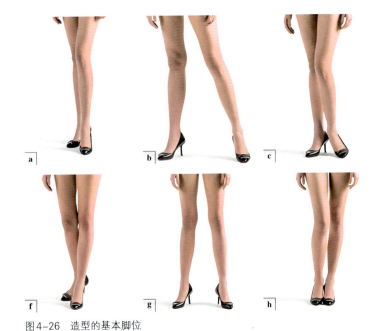
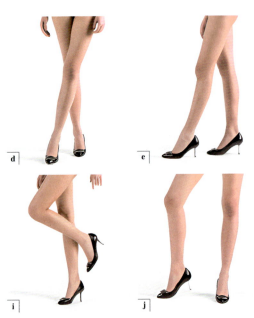

图4-26　造型的基本脚位

五、常用站姿分类

站姿是使用最多的姿态，是时装表演中人体肢体语言运用的主要方式。由于时装表演中模特对服装的表达是以人体线条为依据，因而站姿可根据身体角度或形体线条的变化分为以下4类。

（一）折线形站姿

折线形站姿是模特最常用的站姿方式，也是较有个性的站姿之一。由于服装表演的动态具有较大的夸张性，因此，模特要充分利用身体动作可扩展的表现力，使身体线条有较为明显的角度变化（图4-27）。

（二）弧线形站姿

弧线形站姿形体线条变化比较柔和、圆润，是最具女性化的站姿，头与主力腿处于一侧，身体线条形成一条弧线，曲线弯曲程度可根据需要变化，形成柔和、宁静、优美的效果（图4-28）。

（三）斜线形站姿

头、躯干及腿部的线条与地面形成倾斜关系，斜线站姿优美与否与倾斜的角度有很大的关系，也可利用道具作为支撑点造型（图4-29）。

（四）垂线形站姿

两脚对称分开，头和躯干形成垂直于地面的直线，此造型易显呆板，应依靠表情、手臂、手和脚的变化使之生动。此类造型具有潇洒、豪放、阳刚、直率的视觉效果（图4-30）。

上述模特线条变化只是竖向变化，模特可加入横向变化因素。横向的线条主要有肩、胸、臀这些横线，可与竖线一起组成多种和谐的关系，再加上人体扭转，横线所在平面之间就可能形成更为错综复杂的关系，无数优美站姿，由此变化出来（图4-31）。

图4-27　折线形站姿

图4-28　弧线形站姿

图4-29　斜线形站姿

图4-30　垂线形站姿1

图4-31　垂线形站姿2

第六节　服装模特的表演技巧训练

一、服装表演的基础辅助动作训练

模特的造型变化步伐源于"行进步"辅助动作的练习，由于模特的身体条件和肌群状态各不相同，有针对性地开展一些辅助性训练极其必要。通过辅助动作练习使其对身体内部及外部肢体动作协调性有所领悟，起到强化训练的作用。

（一）掩膝提胯

掩膝提胯在造型与行走中是极为重要的一项训练。

准备动作：双臂自然下垂，正步准备（图4-32）。

图4-32　掩膝提胯准备动作　　图4-33　掩膝提胯动作要领

动作要领：

1.右腿伸直不动，屈左腿成掩膝步，脚背绷直向右脚跟骨靠拢，同时左胯向上提起，出胯用力方向为前上方，臀部肌肉呈紧张向上状态（图4-33）。

2.放松腰部和胯部，右腿伸直，脚跟着地回到原来正步位置，然后更换腿部掩膝动作，两腿反复进行20次练习即可。

3.分解动作做完后，可进行连续动作训练。

（二）掩膝转胯

掩膝转胯是一种夸张性动作训练，其重点是胯部的运动。掩膝转胯是在掩膝提胯基础之上的动作，可使身体更具灵活性和协调性。

动作要领：

1.右腿往上抬平，小腿往回收，脚踝骨贴住大腿内侧（图4-34）。

2.上身面朝前方不动，膝盖朝左前方，右腿平行由左前向右前转动，然后贴左腿内侧落地，回正步原位，两腿各反复20次（图4-35）。

3.在练习时，上身姿态保持平稳，主要靠腰、胯、臀部、大腿做动作；内侧肌肉尽量朝主力腿靠；脚落地回原位。腿部肌肉要收紧，以内侧肌肉有酸胀感为宜（图4-36）。

图4-34　掩膝提胯动作要领　　图4-35　掩膝转胯动作要领

（三）脚勾步

其练习可加强行进中脚尖方向及落脚点的控制能力，达到掌握身体平衡的目的。

准备动作：放慢速度用脚跟先着地，一步一步地走动，两脚前后要踩在一条直线上，同时在换脚步的过程中，两腿膝盖重叠在主力腿的前面。

（四）平脚走步训练

平脚走步训练是与踮脚走步训练相对应的一种台步基础训练。它的目的是锻炼整个脚部的触地敏感性和着地感。平脚步腿部动作与踮脚步相同，不同的是在行进中全脚掌着地，行进时双手叉腰，也可辅以手臂的前后摆动，气息向上，收腹立腰，提胯出步要大一些。脚步着地要"粘"与"贴"，身体与地面的接触要扎实稳健。

平脚步腿部动作与勾脚步相同，与行进步不同的是在行走中用全脚掌着地，以脚下动作扎实稳健为准，踩直线反复练习。动作要连贯有层次，脚踩应有力度，前脚迈出后，后脚应有节奏地跟上（图4-39）。

（五）踮脚走步训练

踮脚走步训练是台步基础训练的重要内容。通过踮脚走步训练，能加强脚部与腿部的力量，养成脚尖抓地习惯，提升脚尖对身体的控制力量，行进时能更加平稳、美观。

踮脚行进时要放慢速度，脚尖着地，一步一步前进，前后脚尖要踩在一条直线上，膝盖伸直不可屈膝走路及收腹立腰，大腿、小腿与

图4-36　掩膝转胯　图4-37　脚勾步动　图4-38　行走姿态基础练习
动作要领　　　　　作要领

动作要领：

1.右腿屈膝向上抬起勾脚，并向前方迈出，同时左脚后跟向上慢慢踮起，上身保持平稳（图4-37）。

2.右脚后跟先着地，经脚心，前脚掌至全脚掌落地，同时身体重心移到左腿，换左腿屈膝，经右膝盖内侧擦出并向上勾脚迈出，脚跟先着地，落在右脚前方，两脚相隔一脚距离（图4-38）。

脚尖要呈直线状，在换步过程中，两腿膝盖内侧要互相轻微摩擦，动力腿向前迈起时，要稍稍提胯，步幅可稍大一些，并注意上身保持平稳，不能左右摇晃（图4-40）。

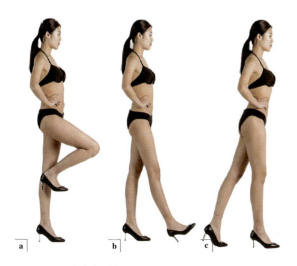

图4-39　平脚走步训练

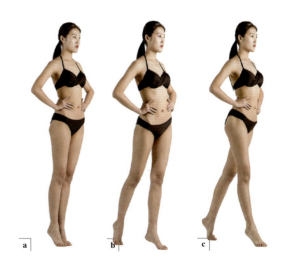

图4-40　踮脚走步训练

二、行走姿态基础练习

行走姿态掌握得扎实、正确与否，会直接影响模特的舞台表现力。模特走台的完美性，不仅体现在走步、摆臂等方面，更体现在完成这些动作过程，整个身体的协调呼应和完美呈现上。模特只有注重身体的整体协调、呼应，才能完美地展示自己。

（一）直线走步训练

直线走步训练，是一种培养模特舞台表演方向感和步伐准确性的练习。一般情况下，直线走步练习往往和踮脚走步、平脚走步练习相结合，但随着脚步走步能力的提高，走步的行进练习应作为一种独立的训练予以实施。训练时，在训练场地设置一条直线，模特按照节奏，沿直线走步行进。再拿掉直线，模特沿原先设置直线的线路走步行进。眼睛平视前方，用余光确认直线位置与走向，做到出步果断，步伐大小和节奏明确。特别是在没有直线参照物的情况下，要养成在直线方向上寻找对应方向参照物的习惯，用最适合的方式处理走步与直线的关系（图4-41）。

（二）交叉走步训练

交叉走步训练是与直线走步训练相对应的一种训练方式，训练中，交叉走步训练往往和直线走步训练相结合。通过对这两种行进方式的掌握与比较，使模特提升步伐行进在服装展示中的表现能力。眼睛平视，在前方寻找到直线对应的参照物。以参照物为轴心，右腿迈向左肩方向，左腿迈向右肩方向，左右交替行进向前，切记步伐不能过小，身体保持平稳，不可左摇右晃（图4-42）。

（三）手臂摆动训练

手臂摆动是行进中非常重要的辅助动作，训练时，先进行原地前后摆练习，掌握动作要领后再配合胯部同时进行练习，熟练后再融入台步当中。摆臂需要注意：大臂带动小臂；虎口朝正前方，向内弯摆动或向外弯摆动；前摆高度不要超过30°，后摆在离臀部一拳位置；肩部晃动不可太大，呈自然放松状态。

起步前，与脚的站立姿势相同，将双臂自然下垂身体两侧。行进时，让手指贴紧大腿外侧擦过，并从肩膀到手掌前后摆动，摆动幅度不要过大，臂肘自然弯曲，摆臂的角度一般不超过30°，摆臂方式一般分为手臂的自然摆动、手臂的向内弯曲摆动、手臂的向外摆动3种（图4-43）。

三、步伐练习应注意的问题

（一）挺而不僵

站立时，应像舞蹈演员那样挺胸直背，身

图4-41　直线走步训练

图4-42　交叉走步训练

图4-43　手臂摆动训练

·服装表演概论·

体主要部位要尽量舒展，头不能下垂，颈不屈，肩不耸，胸不含，背不驮，应自然挺胸收腹，眼睛平视，做到"挺而不僵"。步伐轻盈，转动平稳，两臂自然下垂或摆动，膝正对前方，注意控制。上下身配合协调，头、颈向上升，提臀后收。矫正内八、外八及左右上下摇摆，弓腰、腆肚等不良动作。

（二）柔而不懈

保持体态平稳，内外平衡，手臂可以轻盈摆动，身体重心不要向下沉，头部顶端提气向上，行步要有韵律感，身体应在音乐配合下协调摆动。女性步伐应先提胯，用胯部带动大腿，再由大腿带动小腿，形成女性的曲线美和韵律美，但身体各部位不能松懈。

（三）实而不松

模特的姿态和行走动作不仅要表现形体美和服饰美，而且要给人一种结实感，表演时，步伐要柔韧有弹性，而不是松松垮垮的。脚部保持自然，绷脚和勾脚都不可取，前行时两脚在一条直线上，膝部不僵直，重心向上，臀肌收紧。

（四）协调摆动

注意协调动作，使头、颈、背、肩、腰、胯、手、脚各部位动作协调一致。通过各部位的联合动作，使控制力、爆发力和柔韧力在步伐中得到体现。

四、服装表演中模特的表情练习

心理学家认为，面部表情是非语言信息的最佳传送者，脚与腿最差，手与臂则介乎两者之间。可以想象，服装表演如果忽视表情的作用，将是很大的失误。观众看不见模特的内心感受，看见的只是模特内心感受的表现。因此，我们只需要借助表情来表达感情，模特必须用心去体验服装艺术的魅力，必须用心来展示服装艺术的风格，如用含蓄的表情来展示旗袍，用冷漠的表情来展示礼服，用轻松的表情来展示便装，用豁达的表情来展示泳装等（图4-44）。

（一）眼神练习

眼神是心理动作的直接反映。通过眼神可以表现人的幸福、激动、镇静、痛苦和悲伤等心理情绪的变化。

盼望：稍抬下巴，向远方眺望，心中焦虑地期盼和等待着。

遐想：抬起头，眼睛充满幻想，心中憧憬着美好的未来。

沉思：头微低，眼睛向下，凝聚一点，心中深沉思索着。

警惕：眼睛快速观察，仔细辨认，心中警觉有戒备。

惊喜：眼睛瞪圆，屏住呼吸，心中意外发现喜事。

忧伤：头微低，眼睛向下，茫然，心中有伤痛和哀怨。

冷漠：目光散乱，漫不经心，视线落点太远或太近产生茫然或走神的感觉，显现出心中

图4-44　模特的表情练习

对任何事情都冷淡、漠不关心的态度。

（二）笑的练习

笑是通过嘴角向上翘和向两边张开，口轮匝肌和面颊肌收缩显出的面部表情。笑可根据表演者不同的情感变化表现出千姿百态的形式（图4-44）。

灿烂的笑：阳光般放射性的笑，犹如一朵盛开的玫瑰（图4-45）。

神秘的笑：超凡脱俗中带有一丝神秘的微笑。目光斜下，笑眼朦胧（图4-46）。

甜美的笑：憧憬美好幸福、自我陶醉和满足的微笑，笑颜甜蜜柔和（图4-47）。

顽皮的笑：天真烂漫、顽童情趣的微笑，笑眼狡黠、可爱（图4-48）。

挑逗的笑：脉脉含情中发出挑逗的神采魅力（图4-49）。

（三）情节练习

在一定的场景中进行情节表演练习，使模特掌握面部表情表演的真实感；还可进行一些模仿练习，以此锻炼表演的可塑性。

图4-45　灿烂的笑

图4-46　神秘的笑

图4-47　甜美的笑

图4-48　顽皮的笑

图4-49　挑逗的笑

·服装表演概论·

第五章

服装表演氛围设计

第一节 服装表演氛围设计的概念及作用

一、服装表演氛围设计的发展

早期的服装表演基本都是朴素平淡的商业展示，如今没有音乐的伴奏，没有专门的舞台，更没有灯光、背景。随着商业竞争的加剧、商品宣传的增加，必然促进服装表演的发展。服装表演真正走向舞台是到了1914年8月，由芝加哥服装生产商协会，在芝加哥举办了被称为是当时"世界上最大型的服装款式表演"的活动。在此次服装表演中，运用了大型的表演舞台，面积达650 m²，并且有一直延伸到观众席中的伸展台，这可以说是跑道式（Run way）即T台的初次使用。从此，服装表演逐步发展成为以舞台表演形式来表现服装，这种方式随之普及到欧美、亚洲等经济发达的地区，其规模、范围、形式不断发展和扩大，对演出氛围的营造也开始逐步重视。1917年，芝加哥湖滨大戏院的服装表演中，创造性地表现了以电影屏幕为背景的新的表演形式。1920年，法国设计师帕昆让模特在田径场和歌剧院进行服装表演，并且她把舞台造型艺术手段应用到服装表演中，使服装表演制作水平在20世纪30—50年代这一时期得到了很大的提高，许多服装表演开始在舞台布置、灯光、音乐方面与百老汇的音乐剧展开竞争。

20世纪60年代，服装表演在氛围的营造上又出现了许多新的变化和革新。由于电影业、舞台剧的盛行，这一时期的服装表演极其注重舞台背景的设计，将戏剧舞台设计概念引入服装表演中，开始运用道具、灯光烟雾等。嘈杂连续的音乐贯穿表演始终，模特们突破了传统的行走表演模式，而采用各种舞姿和动作，趣味十足。英国设计师玛丽·匡特以其众多创新想法对服装表演进行革命性变革，她的舞台设计、新灯具的运用、舞台道具的使用、舞蹈的编排使服装表演更具活力。当代的爵士乐被录下来用于模特走台，一场表演展示40套服装，用时14 min。在这场表演的一个打猎的场景中，模特身穿一件诺福克（Norfolk）夹克和一条灯笼裤，带了一套打猎装备，挑着只猎物。而穿着晚礼服的模特则端着大大的香槟酒杯，在变幻的灯光中舞姿摇曳。20世纪70年代，安德尔·克雷杰对表演形式做了再一次的改革。他一改平淡、静穆的表演，强调利用变幻莫测的灯光表现各种不同的意境和情调，使形、色、声、光浑然一体，交织成为一个完整的立体画面。

随着社会的发展，人类社会跨入信息化时代，当代服装企业都十分注意自己产品在消费者心目中的形象。产品和企业形象给消费者的直观感受举足轻重，接受起来舒畅，就能在消费者中站稳脚跟。消费者同时也是欣赏者，他们既关注产品的内容，也关注产品的形象。这迫使服装企业在产品造型上、广告宣传上一掷千金，而服装表演是服饰产品最的宣传方式，因而服装表演在原先展演风貌的基础上融入了新的艺术形态，新颖的视觉观念通过新的传达方式打破传统界限，使服装表演呈现出多元化、多形式、多风格，丰富多彩的，集艺术、商贸、审美为一体的展示风格。服装表演这一动态展示活动，审美主体——观众对美感的获得依赖服装表演具体生动的可感知性、可感悟性，而在表演中，这种可感知的美不仅仅源于服装、模特，还源于表演整体氛围的营造。为了适应不同需求的服装表演和吸引观众的眼球，服装表演氛围设计已成为服装业重要的分支行业，在品牌大战中扮演越来越重要的通道作用（即艺术通道、商贸通道、审美通道、消费通道）。

二、服装表演氛围设计的基本概念

气氛是指特定环境中给人强烈感觉的景象或情调，是一种情感特质，如欢乐的气氛、紧张的气氛、寂静的气氛等。但是不能将气氛与情感简单地画上等号。我们可以说"某人的脸上露出了欢愉的表情"，但不会说"脸上充满了欢愉的气氛"。因为气氛是指笼罩于人们周围环境中的某种状态，而不是指个别人或物的某种表现特质。在氛围设计中，我们可以将气氛理解为服装表演活动空间场所的情感特质。气氛是由场所产生的，因而表演场地环境、舞台表演空间的状态是构成氛围的基本物质条件。气氛产生于服装表演表现的统一性，服从于服装所表现的情感逻辑。气氛的创造离不开出现于该环境中的一切因素：服装与模特、空间与时间、视觉与听觉、形体动作等。模特在表演中通过舞台行动的速度、节奏、演出的环境、声与光，创造出舞台气氛；而舞台气氛则影响模特的心理，使其产生出与所表演服装相适应的情感。当各种影响氛围的演出因素相互补充、相互增强，并与观众在情感特质的焦点上相聚而产生共鸣互动时，才真正完成了舞台气氛的营造。

（一）服装表演氛围设计的目的

从服装表演的目的来看，服装表演氛围设计的目的并不是氛围设计本身，而是通过设计，运用空间规划、舞台造型设计、演出环境布置、灯光控制、色彩配置、音乐选编、舞台调度等手段，营造一个富有艺术感染力和艺术个性的表演氛围，并通过这样一种氛围有计划、有目的、有组织地将表演内容展现给观众，力求使观众接受服装设计师计划传达的信息。服装表演中的表演氛围设计或想达到促销目的，或想达到扩大品牌认知的目的，或想达到推出新人的目的。总之表现目的性是主导因素，目的性明确才能真正为氛围设计提供创造空间。在当代，服装表演氛围设计这一商业辅助手段，已成为重要的艺术和技术载体，为更多的社会受众所接受、所认知、所欣赏。

（二）服装表演氛围设计的内容

氛围设计所涉及的内容涉及演出的舞台设计、演出的环境设计和其他对演出氛围营造有帮助的辅助设计，包括布景（或称装置）道具、灯光、室内空间处理、音乐选编、舞台调度等。氛围设计包括整个服装展示活动的策划、总体设计及表演过程，实际上它几乎贯穿整个服装展示活动的全过程。就其工作性质来说，主要包括两个方面的工作：一是文案工作，主要包括服装展示的场地选择、计划安排、表演中文字脚本的编辑工作；二是艺术上和技术上的设计。前者主要根据服装展示的主题及内容、服装表演展示的目的和宗旨，对表演场地环境氛围、演出舞台氛围进行设计撰写文字说明，这项工作的成果主要以文案的方式提交给有关部门审核，并为后期的设计工作提供有效依据，保证设计工作有目的地开展和实施。后者则集中在确定整个服装表演展示活动的空间形态、平面布局、装饰风格、舞台造型设计，以及设计整体表演中的色彩、灯光布局、舞台布景、音乐类型等，再确定灯具、效果器械和道具装置的形式等，并在设计完成后，以图纸等表达方式将设计结果传达给施工制作部门，在表演现场根据设计方案实施。实际上，设计工作和表演实践操作这两个方面的工作在开展过程中并不是截然分开的，甚至在大多数时间还互相交叉、携手共进、彼此合作。只有这样，才能将演出效果调整为最佳状态。

2020秋冬巴黎时装周，汤姆·布朗（Thom Browne）演绎了一场以动物为主题的面具时装秀。模特们头戴动物面具的头套，鞋子也被制成了动物蹄子的样子。首先出场的是西装革履的长颈鹿，其下身穿复古的苏格兰裙。秀场被设置为冰天雪地的主题，白色的地毯作为雪地，舞台中放置挂满雪花的松树烘托氛围。舞台为典型的T台，舞台中央摆放了两扇木门，与白色氛围融为一体。音乐的选择上，从开场伴随模特俏皮舞动的轻快型音乐，变换为伴随服装沉重色彩的缓慢型音乐，使现场观众置身于演出中。服装的色彩较为鲜艳，与舞台氛围、色调形成强烈的反差，吸引观众的目光。模特的鞋子设计为动物蹄状的厚重靴子，模特们步伐缓慢，与所设计的氛围相互呼应，使这场时装秀成为一面时尚旗帜（图5-1）。

路易·威登2020秋冬女装秀的秀场音乐是一段受巴洛克时期影响的音乐，一首 *Three Hundred and Twenty* (320)，极简且精妙。舞台设计别出心裁，一改往日常规的设计，将百余位表演者当成演出的背景。他们身着不同时期的服饰，坐在阶梯式的台阶上进行演唱，华丽又震撼。随着指挥者的示意，表演者站立或招手，使观众仿佛置身于穿越之中，为这场时装秀增添了浓浓的怀旧气氛（图5-2）。

凯卓（KENZO）2020秋冬时装秀以公路旅行为灵感，服装款式通过手绘、版画、剪影等多种形式来体现，并附以街头流行文化的元素。这场秀别出心裁的地方就在于改变了以往华丽、正规的表演场地，直接将演出搬进"塑料大棚"中。

透明的塑料搭建的演出场地，使这场时装秀更加贴近人们的生活。整场秀的氛围以及简洁的舞台，更好地与此次设计主题相融合（图5-3）。

巴黎时装周爱马仕（Hermès）2020秋冬系列发布会上，模特在彩色的林木竖栏里前行。舞台以纯白色为主色调，辅以蓝、黄、红等明亮张扬的色彩。此次舞台中的道具运用马术障碍赛中的地杆，不规则地摆放在舞台中，简洁的舞台给观众带来了极简主义的视觉体验。模特们的发型统一为偏分垂直搭在后背，干净利落。她们的妆容也较为简单，红唇搭配上发型以及舞台设计，营造出洒脱干练的感觉，优雅又不失灵动（图5-4）。

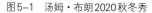

图5-1 汤姆·布朗2020秋冬秀

图5-2 路易·威登
2020秋冬女装秀

图5-3 凯卓2020
秋冬时装秀

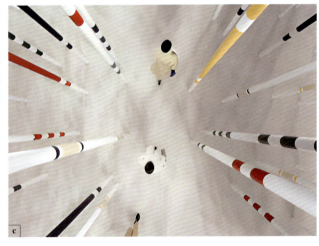

图5-4 巴黎时装周
爱马仕2020秋冬系
列发布会

三、服装表演氛围设计的作用

服装表演氛围设计总体来说具备3个功能，即实用功能、再现功能、表现功能。

（一）实用功能

实用功能指在所设计限定表演的空间中，使模特的形体动作得以充分展开，提供动作表现空间；同时为观众提供一个良好、舒适的观赏环境空间，使之能安然地欣赏服装表演。氛围设计的实用功能随着服装表演的发展，已经逐步加入了更为广泛的传媒因素、社会审美需求因素和商业运作需求因素，不仅满足演出本身的需要，而且更讲究艺术的审美性和形象的传播性。

德赖斯·范·诺顿（Dries Van Noten）2017春夏秀场上，秀场的背景音乐呈现出冰块碎裂的细致声音，T台上排列着23樽冰砖，每一樽内部都精心冰封着艳丽的鲜花。这个舞台装置，是由比利时设计师与日本花艺及空间艺术家东信（Azuma Makoto）合作完成的，名为"Iced Flowers 冰花"。透明冰砖中的冷冻鲜花与气泡和光的折射产生互动，与模特穿着的印花衣裳产生奇妙的虚实效果。而秀场灯光的高温也会使得冰块慢慢融化，整场秀提供了一个美而残酷的视角，让观众去审视那些转瞬即逝的美（图5-5）。

三宅一生（Issey Miyake）的2020春夏秀场选在位于巴黎的巴黎104艺术中心（Le Centquatre），设计师大量运用色彩和轻盈布料，展现"欢愉"的心境和无拘无束的自在感受。场地非常宽阔，不仅能够更好地展示轻盈的布料，也为观众提供了一个良好的观摩空间。这场秀最大的亮点就是其运用的舞台装置，洋装与帽子会跟随装置从天而降，穿戴在身着肤色衣裤的模特身上（图5-6）。

（二）再现功能

再现功能主要体现在对表演服装穿着场合、

图5-5　德赖斯·范·诺顿2017春夏秀场

图5-6　三宅一生2020春夏秀场

图5-7 迪奥2020春夏巴黎女装秀

图5-8 古驰2017春夏秀场

穿着时间、设计灵感来源等的呈现，通过色彩、灯光、舞台效果、装置、道具等使观众加强对服装的认知，或具体说明服装的穿着场合，或点明穿着时间，或是对服装表演中的服装设计做进一步解释，为观营造一个能切身体会并感受的虚拟时空。2020年迪奥春夏巴黎秀场中，设计师玛丽亚·嘉茜娅·蔻丽（Maria Grazia Chiuri）与景观设计事务所 Atelier Coloco 合作，将秀场变成了一个巨大的花园，秀场所用的全部装置素材都不包含塑料。除了其他物件会被重新回收利用之外，秀场上的树也将重新种植于巴黎的各个角落。整个秀场仿佛是一个巨大的花园，服装也以植物为灵感，大量植物图案以镂空、立体、刺绣的方式体现，还有藤编帽、草绳腰带、渔夫鞋等配饰展现植物元素（图5-7）。

古驰2017春夏秀场中，设计师亚历山德罗·米歇尔（Alessandro Michele）沉浸在粉色色调中——艳粉色的地板、糖粉色的丝绒软座、珠宝串成的珠帘、墙面贴满了超过25万块镜面亮片。整个秀场就是一个闪耀的粉红色盒子，与新系列中复古诗意又闪着迪斯科光感的服装相衬（图5-8）。

（三）表现功能

表现功能就是表演氛围的营造，或是说审美对象的情感特质挖掘，集中反映在服装表演氛围意境的概念上，要求表演中意与境、情与景、形与色、光与影表现与再现的统一。氛围设计的表现功能包括通过为模特表演创造某种围绕服装的诗意空间来完成画面、造型、化妆、发型、首饰、道具等，在服装表演发展过程中表现功能甚至加进了情节、情绪、情感，赋予服装表演氛围以情结。

古驰设计师亚历山德罗·米歇尔在2018年的秋冬发布会中，在一间虚假的手术室里带来了一场神奇而古怪的秋冬系列款。在这场秀中，展现了艺术、时尚、珠宝、历史、哲学和流行文化的巧妙融合。以圣经故事那些被切断的头像及犹太妇女朱迪丝为原型，以"人性"为核心，幽默地以"人终将有一死"的乐观态度，提示观众看待当下绮丽的人生（图5-9）。

亚历山大·麦昆1999年春夏发布会的设计灵感来自圣女贞德。秀场中放着两个喷墨器，模特身着白裙，站在两台喷墨器中间的旋转台上，让喷墨器给裙子上色，但她整个过程表现得挣扎脆弱，其扮演的角色寓意为受伤的白天鹅。这种通过肢体展示与科技的结合可以更好地展示主题、渲染氛围（图5-10）。

服装表演氛围设计在具体设计运用时，由于条件的差异、对象的不同，设计的要求也不一样，但我们应把握住基本原则。

1. 满足演出的实用功能，提供、组织表演空间

在时装表演中，模特通过肢体语言来表达服装，因而在设计时首先考虑解决模特表演空间和动作支点的实用性。因为表演动作是在具体的空间和时间中存在、展开的。具体的空间不论是室外还是室内，或其他建筑的一部分，

图5-9　古驰2018秋冬发布会

图5-10　亚历山大·麦昆1999春夏发布会

图5-11 圣·洛朗2020秋冬秀场

或露天广场，或现代剧场的镜框式舞台，都要经过不同程度的组织、加工才能适应服装表演的需要。这种组织工作包括划定表演区，安排出入口，提供某种实体给模特展示服装以凭借和支持。舞台高度、长度、宽度的合理性，T台的强度、硬度、牢固度、适应性，灯光强度、亮度、范围、色彩的设定，音响的设置与观众席距离等，都要做细致的策划和安排，才能保证表演空间的功能需求。

服装表演是因表演环境、表演内容、表演形式的不同来组织划分空间的。程式化的表演形式中，常常运用T台、伸展式舞台，背景幕两端各有一挡板，挡板可以是单层的，也可以是多层次的，模特从挡板两侧出入，就是对模特上场和下场的一种规定。对空间的组织不仅是平面的，也是立面的、多层次的。表演舞台可以利用高低平台、台级，使舞台有层次，立面的空间组织起到了强化服装表演和模特表演技巧的作用。20世纪20年代兴起的构成主义舞台设计，则用各种平台、阶梯、斜坡等构件，为模特的表现提供了更广泛的展示空间。

现代服装表演中，服装设计师力求运用多元化的表现手法表现设计作品，构成主义的风格很快被运用到服装表演中。在戏剧性的服装表演形式、探索式的服装表演形式中对空间结构的处理则显现出多样化，或与服装穿着环境的具体描写结合在一起，或通过舞台结构形式的多变为模特表演提供更大的空间。在这方面，灯光起到了很大的作用，它可以切割空间，可以突显或隐没实物，可以通过光照度分割表演空间与观众空间，还可以通过它的流动性加强演出的节奏感。

圣·洛朗（Saint Laurent）2020秋冬秀场，其灵感主题来自20世纪90年代一场关于女性自我解放的革命，带我们见识了生活在20世纪90年代极致优雅的中产女性。场地选在了埃菲尔铁塔下，利用追光灯、巨型的白色背景、聚光灯，打造出了神秘感十足的镂空走廊。模特从舞台同一侧出场，一束束追光落在有弧度的墙面上，模特如同走在花瓣之上，将形体和服饰轮廓体现得格外精致（图5-11）。

2. 帮助刻画服装的整体形象

氛围设计通过直接或间接地表现服装来发挥作用。服装在舞台上的整体形象是由模特穿着表演服装通过形体语言的运用所呈现在观众面前的状态。一场服装表演有时所表现的服装十分丰富，有时尚的、超现实的、历史的或民族的，通过氛围的营造帮助模特缩短自身与服装角色的差异性。

其具体表现手法又可分为写实与非写实两类。前者讲究真实性，在舞台造型设计和舞台背景布置方面简洁，色彩单一；在用光方面，强调表现服装原本的色彩、款式、细节刻画的准确性，力求突出服装的真实性。

另外一种表现手法则要求服装表演氛围设计对塑造服装作品的形象具有积极的作用，以能向观众传递服装的内在情致、内在意蕴作为最高目标。希望通过氛围的营造去表现表演主题、服装的情趣或情感特色。往往在这类表演中，会刻意忽略一些细节，而对另一些环节重加组织、装饰和夸张手法，用一些辅助装置来强调服装设计师灵感来源的体验，精心描绘作品的内在含义，注重神似，讲究视觉趣味，给观众以强烈的视觉冲击力，注重表达所表演服装的情绪和意义。

巴尔曼（Balmain）巴黎时装周2020秋冬秀场中，展示了一幅无边无际的沙丘景观，简洁的拱门、和谐的灯光勾勒出女性性感的剪影。流质西服和丝绸纺织品的结合为新巴尔曼人提供了一种新的解放和解脱的意义，体现了随意扭曲的氛围设计。巴尔曼的窗帘和温暖的自然色调成为焦点，酷女孩装扮的模特，就好像007女主角一样酷炫（图5-12）。

实现这个目标有两种不同的基本倾向：一种是将意念功能，隐藏在对客观事物的如实再现之中；另一种则对客观事物做多种变形处理，以便使观众能体验到艺术家的感受，产生情感互动。这两种表现形式并行发展，各有千秋，在现代服装表演中氛围设计已成为创造真正诗情、哲理的视觉表现手法之一，成为演出的意识形态上的合作者。

3. 为演出塑造表演者所需要的时空环境、气氛，体现表演主题

体现服装表演主题是最根本任务，模特、编导及其他辅助部门都必须以此为核心，因而在进行服装表演氛围设计时要考虑表演主题内容，设计与之相符的舞台造型、布景装置、空间形式及灯光效果，提供典型环境，创造气氛，帮助模特抒发情感、诠释服装；在塑造环境时应表现出环境的特定性质，在戏剧性时装表演中向观众交代出服装的时代、时间、穿着地点场合以及社会环境等；在程式化的服装表演中，表现为这一品牌与另一品牌或这一主题和另一主题的区别。即在演出前或刚刚开始时就要让观众清晰地明白所要展示的是何种品牌或是何类主题。同时，舞台氛围设计还表现为要反映演出表演主题内容的风格、流派等。当然，氛围的营造会受到舞台演出特定的条件限制，从而导致表现手法和艺术形式所具有的假定性质。所以常常运用抽象、象征、虚拟、隐喻或局部装饰等表现手法，通过观众的想象和理解来塑造特定的演出环境。由于受到演出形式、表演风格以及创作者及创作习惯的影响，即使是一些写实主义的舞台布景也是要经过提炼和取舍的，因此无法排除带有假定性特征的舞台演出环境限制。

在某些服装表演中，尤其是在戏剧性的服

图5-12　2020巴黎时装周巴尔曼秋冬秀场

第二节 服装表演氛围设计的流派及特征

一、现代服装表演氛围设计的流派

纵观服装表演发展的历程，我们不难看出服装表演的氛围设计是随社会变革、新的表演形式的出现、流行动态、科技发展等诸多因素而发展、变化的。从19世纪末到20世纪初，整个世界经历了一场巨大的变革，科学技术的发展，经济社会变化，艺术流派的脱颖而出，现代思潮的倍加活跃，使时装表演从简单的店堂式表演发展到1914年运用"伸展台"进行演示；由于电影艺术的深入人心，1917年在美国芝加哥，人们开始运用电影作为背景设置进行时装表演；20世纪60年代，舞蹈和动作代替传统的模特行走的新型时装表演形式的流行，使时装表演的氛围设计趋向于戏剧舞台；到了80年代，时装表演又加入了情节和主题，舞台形式又发生了大幅度的变化，根据时装表演的表演形式，总结归纳各类服装表演中氛围设计的表现形式，将现代时装表演氛围设计分为以下几种流派：

（一）简约派

这种形式的舞台设计通常在传统性的时装表演中被广泛运用，其设计风格简洁，给人一种自然平淡的视觉效果。多选用伸展式的舞台或T形舞台，布景装置选用单层或双层立式结构，主体放在设计中。此风格注重空间关系，重视材料的质感和本色效果，背景装置简单而均衡，反对繁琐装饰，在色调上强调淡雅和清新的统一，强化功能性。在灯光设置上注重简洁、明快，不过多使用有色光，布光尽量强烈，使处于不同角度的观众能看清楚真实的服装色彩及款式，这种传统规范程式化派往往使人感觉整体协调、简单、一目了然。在编排中讲究自然、流畅，不过多追求造型的夸张。此种设计风格常运用于发布会形式的表演和促销类商业性时装表演。

2016北京时装周上，雪莲作为闭幕秀压轴亮相。雪莲的系列服装不仅让人感受到时装周的一股清流，充满设计感的针织花样也让人大开眼界。

2019年9月，ANNAKIKI 2020春夏系列米兰秀场从20世纪80年代获得灵感，排列整齐的醒目撞色座位，呈现出新的美学结构（图5-17）。

（二）情景派

这种形式的舞台设计主张在表演中再现服装穿着场景，用艺术手法创造一种"典型环境"，或营造一种"记忆情结"。在服装表演中以服装内容为主题，作为氛围设计的依据。因而演出场地常选择在与主题相贴切的地方，舞台设计竭力追求富有戏剧性的装饰效果，主张利用现

图5-17 ANNAKIKI 2020春夏系列米兰秀场

代科学技术条件，利用一些材料肌理、质感等，如不锈钢、铝合金、玻璃地面等做舞台装置，在演出中适当配以道具营造出与服装主题相符的场景，展示适合场景的服装。整体设计重视光影效果，布景造型富有创造力，常运用于戏剧化的服装表演形式。例如圣·洛朗2020秋冬秀场以标志性的埃菲尔铁塔作为背景，模特们在巴黎铁塔光影下向观众盈盈地走来，追光灯的巧妙使用如同让模特们走在花瓣之上，巨型的白色背景和聚光灯打造出了神秘感十足的镂空走廊视效（图5-18）。

（三）超现实派

超现实派舞台设计运用非常规的表演场地进行时装表演，利用场地本身的条件进行加工设计，追求超现实的纯艺术观感，力图将有限空间通过一些手段扩大空间以达到无限量空间效果。三宅一生曾在地铁站举行过时装发布会，利用地铁站通道设计演出空间，以川流不息的地铁作为表演背景，从而达到达到一种时空穿梭的效果。此流派在设计中充满幻想、猎奇，企图创造一种令人难以捉摸的空间形式，舞台造型规则不定，布景道具根据表演主题选择，常用五光十色、变换跳远的灯光、视觉冲击力强烈的画面、流动线条和自然物体或景致来渲染气氛，以突出服装所表达的含义。此种设计风格常运用于探索式时装表演形式。

巴黎世家（Balenciaga）2020秋冬秀场选在一个空旷的体育场内，黑色场景下的巨幕时而呈现出电闪雷鸣，时而 群黑压压的蝙蝠飞过，时而燃起熊熊大火，仿佛末日景象。T台被水淹没，模特全程在水中走秀。流动的线条、富有张力的红色追光，两个具有力量感的雕塑作品屹立其中，以红色立体装置与黑白线条加强视觉冲击感，整体为一个下沉式的方形空间，像是科幻电影里的未来世界（图5-19）。

（四）回归派

回归派反映一种怀旧的情绪，强调要到历史中去寻找灵感，突出一种怀旧之情。表演场地有时会选择历史名胜古迹，利用先进的激光技术、电脑照明系统烘托出建筑物的宏伟与神秘感。路易·威登2020秋冬发布会上，以

图5-18 圣·洛朗2020秋冬秀场

图5-19 巴黎世家2020秋冬秀场

图5-20　路易·威登2020秋冬发布会

图5-21　古驰2020秋冬男士秀场

"Anachronism"主题为灵感。"Anachronism"的意思是"不合时代的事，过时的事或人"。这场大秀在巴黎卢浮宫博物馆上演，展览从壮观的场景开始，富于年代感的露天看台上是由200个人组成的合唱团，穿着从16世纪一直到20世纪50年代的服装，突破了年代和式样的局限，将混搭打造到了极致，代表了一种时间的交错、时尚的轮回（图5-20）。

古驰2020秋冬的男士秀场将舞台定于米兰的闪耀宫殿（Palazzo Delle Scintille），此处最初是一个自行车赛车场，其穹顶在第二次世界大战中被炸毁，后来经重建成为米兰汽车和航海交易会的举办地。巨大的天花板上横梁交错，凸显新艺术主义晚期的建筑风格。秀场中央横亘着巨大铁球，在众人面前如催眠的钟摆般缓慢地来回晃动，意在打破现下无用的象征性秩序，为男性摆脱偏见创造可能性空间（图5-21）。

二、服装表演氛围设计的特性

服装表演氛围设计在发展过程中受戏剧舞台美术、建筑等造型艺术的深刻影响。各种造型艺术的成就，作为文化土壤之一，不断地向服装表演氛围设计输送着表现方法、使用材料、技术过程诸方面的新鲜养料。可以说，服装表演氛围设计是吸纳性能极强的、最为开放的造型艺术形式。戏剧舞台设计家把造型材料扩大到金属、塑料、有机玻璃时，服装表演氛围设计也在革新着自己的舞台造型观念和艺术手法，但它又不同于一般作为独立艺术的造型艺术，它在创作过程、物质体现以及艺术作用的发挥上都有一些特殊的性质，主要表现在：

（一）它是服装"二度创造"的参与者

服装第一次设计是服装的单件产品或单品的物质材料的设计，是从自然科学的角度把服装当作物来研究的设计，也就是专门的、单一地对某一服装进行具体的设计，力求达到理想效果，这项工作是由服装设计师完成的。第二次设计是整体服饰形象着装状态的设计，也就是将各个服装种类，在一定的服饰品陪衬下，结合穿着者的特征，完成组合搭配效果，从而达到人与服装完美结合的效果，给人以美的整体感受和视觉的冲击。而服装展示演出在服装的整个创造过程中属于"二次设计"，这种动态的展示服装，不是单套单品的服装，而是成纵向系列服饰的配套或成横向主题系列服装的展示，即"二度创造"。服装表演中结合灯光、音乐、舞台等的氛围设计更能体现出服装二次设计创意的精髓。服装表演氛围设计作为"二度创造"中的一种艺术要素，决定了它的创造必须在了解服装表演主题、了解服装设计意图之后才能进行创作，必须依附于指定的题材、主题，是一种限定性设计，而不能像作为独立创造者的画家、雕塑家那样充分享有选择题材、确定主题的充分自由。氛围设计的从属性和创造性既对立又统一，处理好两者的关系才能更好地发挥其在演出过程中的能动作用，更好地为演出服务。服装氛围设计者的全部工作开始于对服装的认识，结束于对服装的表现，始终没有也无法脱离所表演的服装主题。但对服装主题认识和表现上又是能动的，可以在不歪曲服装设计原本创意的基础上，根据自己的认识和理解，在表演舞台上通过灯光、色彩道具的运用来补充、丰富、完善服装主题。氛围的设计与服装、模特相映成趣，突出服装整体着装效果，同时创出出与服装、穿着、装扮的意境气氛相符的典型环境。

在路易·威登2012春夏系列的秀场，设计团队将旋转木马安装在舞台中央，当音乐响起，180°视角的大型旋转木马秀场缓缓展开，模特们从上面走下来，展示华美的时装。服装主题以淡粉色的花朵为主，配合羽毛及镂空薄纱的装饰，唯美至极。整个服装系列中，处处洋溢着一种可爱感——所有的设计皆呈糖果色，大部分配有大大的蕾丝领口或者超大号的白色纽

扣。英式绣花连衣裙，采用色泽柔和的硬纱制成；激光切割而成的蕾丝上衣和短裙则以丝质玻璃纸镶边。秀场妆容不同以往，没有撩人的艳丽红唇，没有妩媚的柳叶弯眉。模特们浓密的睫毛、暖色系的脸颊和眼影，充满了春天的温暖感觉（图5-22）。

路易·威登2013春夏系列的秀场以棋盘格为主题，同时也是本季时装的灵感来源。3根不同高度排列的柱子暗示出本季服装的3种长度：超短款、中长款以及长款。四部自动扶梯出现在黄白相间棋盘格搭建的秀台上，为整个设计赋予了强烈的几何感。放眼望去有大面积、各种颜色的大小方格、透视方格。设计师马克·雅可布用四四方方的格子图案打造出活泼有趣的款式。除了经典的黑白，还有极具春天气息的绿色、姜黄色和豆沙色。裹胸式上衣、飘逸长裙、剪裁版夹克和包臀的铅笔裙都是本季亮点。谢幕时，模特们一对对从4部自动扶梯缓慢走下，像极了摄影师黛安·阿勃斯（Diane Arbus）《双胞胎》作品里女主角长大后的样子（图5-23）。

（二）在服装表演舞台艺术诸因素的交互作用中获得表现力、生命力

一幅画或一件雕塑作品的表现力完全取决于它自身。而服装表演氛围设计作为服装演出的一个要素，始终处在以服装为核心的各种艺术因素共时、历史的交错网络之中，其表现力就不完全取决于它自身，而取决于它与服装表演艺术的动态关系。服装表演是以服装为主体的综合性、集体性的艺术，而服装表演氛围设

图5-22　路易·威登2012春夏系列秀场

图5-23 路易·威登2013春夏系列秀场

计则是从属于服装表演艺术而存在的。但是，这并不意味着服装表演氛围设计就失去了独立性和创造性的一面。它的创造性能够补充、加强和丰富服装表演艺术，能够揭示和深化服装表演艺术的思想内涵，使之更加丰富和完整。氛围设计作为服装表演舞台艺术的组成部分，需要与其他部门配合，追求高度的和谐统一是舞台演出各部门的共同目标。服装表演氛围设计在服装展示中究竟占有多少表现成分，究竟采用何种方法，这主要取决于演出的目的、规模、形式及整体结构。因此，制作一场服装表演耗费小到几千元大到上百万元，这就要求表演氛围设计在有限的时间和空间内，调度各个表现因素尽可能展现服装，同时也要充分考虑到经济因素。它的生命力就存在于各种服装表演因素的联系之中，融合各种艺术因素，使整场演出成为风格鲜明的有机整体。

蔻依（Chloé）2020秋冬系列，以"如若倾听，方可起舞"为主题。秀场内放置了法国艺术家玛莉安·韦伯姆（MarionVerboom）的雕塑装置作品。这一作品被命名为《构造地质学》，由5个金色的柱子组成，表面用古老的金色薄层包裹，这一系列柱状雕塑的灵感源自于古希腊古罗马元素和自然界有章法的复杂体结合。它们错综复杂的纹饰和结构，与2020秋冬系列的装饰性参照和品牌的女性视野在一起，形成一种独特的对话。如若倾听，方可起舞。融合"画作、雕塑、诗歌"3种不同艺术方式，通过时装和秀场空间，描绘出一个充满象征意义的多元

女性世界，看似华丽的秀场设计背后，高度融合了对品牌输出的创意把控能力，创意从来无形可塑，以源为创，由念而生，千面示人，才能做到艺术与品牌两全（图5-24）。

图5-24 蔻依2020秋冬系列

图5-25　亚历山大·麦昆2006巴黎时装周秋冬系列

（三）艺术想象与工艺、科技的结合

服装表演舞台氛围设计的实现不是在纸上、画布上或模型上，而是在表演环境、三维空间的舞台上，在演出过程中，其传播媒介手段决定了它的多样性和工艺的特殊性。对于创造者来说，只要有助于体现表演主题，体现服装的艺术构思，一切材料都可以用，而且总是尽量选用廉价的材料、轻便的材料来达到最佳观赏效果。许多服装表演中用玻璃做舞台，利用它的透明性和它在灯光下泛出的光亮、色泽，给整个演出增添现代感。服装表演氛围设计的发展得益于舞台美术的进步，得益于科技新成就的有力支援。当前，以计算机为代表的微电子技术也被大量运用在服装表演中，灯具改革、视频技术、新光源、电脑程控技术以及激光、全息图、MiDi等，都将给服装表演舞台氛围的营造带来新的变化。新材料、高科技、多媒体不但提高了审美质量，而且强化了服装表演信息的传播效率。在当今，精彩的服装展示活动依靠服装设计师和舞台表演、创作人员的想象力和才能，已扩展成建立在现代技术基础之上的，艺术和科技的新传播载体，记载着历史辉煌的艺术杰作之一。

2006巴黎时装周亚历山大·麦昆秋冬系列，悠扬的风笛声把人们的思绪带到了遥远而静谧的苏格兰，T台上弥漫着充满诗意、隽永绵延的奇幻气息。灯光渐渐暗沉，半空的光晕中浮起身着白色繁复荷边长裙的凯特·莫斯的全息影像，飘逸的裙边随着风的律动而飘舞着，美得让人凝神屏息。麦昆利用全息投影技术将穿着飘逸华服的凯特·莫斯投影在半空中，这令人惊叹的美让在座的宾客们难以忘怀，掌声经久不息（图5-25）。

再如博柏利2011秋冬系列北京秀场，这场秀奠定了博柏利在中国市场的根基，科技在时装发布会的作用越来越凸显了。伴随着铿锵的音乐，穿着秋冬博柏利－珀松服装的2位模特在T台上迎面相撞，互相从对方的身体里"穿越"；另一对模特则撞成一股白色的烟雾瞬间没了人影……逼真的全息投影从视觉上真实再现了一场T台视觉盛宴，模特在消失的刹那完成服装的互换。真实模特与数字全息投影技术交错展现服装，这在世界服装史上是第一次将高科技引入时尚秀场，带来神奇的观秀体验（图5-26）。

图5-26　博柏利2011秋冬系列北京秀场

全息投影技术也称虚拟成像技术，是利用干涉和衍射原理记录并再现物体真实的三维图像的技术。全息投影技术不仅可以产生立体的空中幻像，还可以使幻像与表演者产生互动，一起完成表演，产生令人震撼的演出效果。适用范围为产品展览、汽车服装发布会、舞台活动、酒吧娱乐、场所互动投影等。

其摄制原理为：第一步是利用干涉原理记录物体光波信息，此即拍摄过程，被摄物体在激光辐照下形成漫射式的物光束；另一部分激光作为参考光束射到全息底片上，和物光束叠加产生干涉，把物体光波上各点的位相和振幅转换成在空间上变化的强度，从而利用干涉条纹间的反差和间隔将物体光波的全部信息记录下来。记录着干涉条纹的底片经过显影、定影等处理程序后，便成为一张全息图，或称全息照。第二步是利用衍射原理再现物体光波信息，这是成像过程。全息图犹如一个复杂的光栅，在相干激光照射下，一张线性记录的正弦型全息图的衍射光波一般可给出两个象，即原始象和共轭象。再现的图像立体感强，具有真实的视觉效应。全息图的每一部分都记录了物体上各点的光信息，故原则上它的每一部分都能再现原物的整个图像，通过多次曝光还可以在同一张底片上记录多个不同的图像，而且能互不干扰地分别显示出来。

全息投影技术在舞台中的应用，不仅可以产生立体的空中幻像，还可以使幻像与表演者产生互动，一起完成表演，产生令人震撼的演出效果。博柏利时装发布T台秀中全息投影技术的运用，使美轮美奂的全息投影画面伴随模特的走步，把观众带到了另一个世界中，好像使观众体验了一把虚拟与现实的双重世界。服务和销售行业是最需要群众基础的，能最大限度地吸引消费者就是王道。全息投影技术在这方面的运用以全新的视角吸引了人们的眼球，勾起了消费者的消费欲望。

2021年，春节联欢晚会时装走秀《山水霓裳》中央电视台总台第一次通过创新的MILO技术拍摄，运用多角度镜面展示、镜面虚拟、现场冰屏与地屏等舞美互相配合，呈现祖国山水风景，给观众裸眼3D式的沉浸式欣赏感受，让观众可以身临其境，走向祖国的山水林田湖，感知自然之美、大地之美、人文之美。一整排身穿不同服装的李宇春，秒变18套华服，身穿一套套具有古老传说和戏曲的特征和符号、有着不同民族特色的工艺和图案、有着中国审美体系中色彩和线条的精美服饰，将东方美与国际化融合得恰到好处。可以发现，多变转换的场景背景十分讲究配色和曲线，如三维立体型的宇宙场景中蓝紫色交相呼应，左右两个造型独特的T台秀也有种游戏画面的既视感。梦幻的背景，特色的传统服装，尽展中国传统服饰之美。

分镜又叫故事板，指电影、动画、电视剧、广告、音乐录像带等各种影像媒体，影片分镜用以解说一个场景将如何构成，人物以多大的比例收入镜头成为构图、做出什么动作，摄影机要从哪个角度切入或带出、摄影机本身怎么移动、录映多少时间等。分镜一般只有一个。表现形式可以有两种：一种是分镜头剧本（文字形式）；一种是分镜头绘画（绘画形式）。

定向克隆技术可以用来生产"克隆人"，可以用来"复制"人，这项技术在电视节目中的广泛应用赢得了大众的肯定与赞赏。

第三节　服装表演场地的选择与设计

　　场地是服装表演的基本空间条件，构成了模特与观众的距离和视觉传播效果的关系。服装表演由于其不同的规模、不同的表演目的，表演场地的选择随机性很大。选择地点时，要清楚表演所针对的观众群、表演的形式、表演内容，根据这些要求有所选择，就能充分发挥场地的优点，扬长避短，取得满意的演出效果。服装表演氛围设计涉及多种学科，演出空间一定要与表演主题相符，注重生理和心理效果。

　　时装表演舞台可供选择的场地很多，按地点分为两大类：室内与室外。室内场地有展览中心、宾馆、剧院、商场、室内体育馆、演播大厅等；室外场地包括公园、室外体育场、著名建筑群、自然景观、飞机场、商场门前等。

　　表演场地又分为正式场地和非正式场地。非正式场地没有特殊的空间要求，在商店的厅堂、咖啡厅的空场、小型会议室都可以进行服装表演；正式场地通常指专门为表演而进行设计的专业性较强的场所。在不同场所的氛围设计也应具有与其各自相适应的设计特点。

一、服装表演的专业场馆

　　服装表演专业场馆是指以服装表演为主要目的而建造的专用场所。以法国巴黎时装发布会的展示场地发展为例，在高级时装鼎盛的时代，都是在各个高级时装店里举办沙龙的，观众多了，就由厅堂沙龙转移到大饭店。到了高级成衣时代，剧场、杂技团、拳击场等各种各样的场所都成了举办时装秀的地方。尽管如此，由于观众越来越多，场地还是难以容纳，于是，就在巴黎国会大厦和勒·阿勒广场支起帐篷来做会场。后来，这种帐篷做的会场也从勒·阿勒移到布隆涅森林。1982年，当时的文化部长雅克·朗提出在卢浮宫前的王宫庭院里为时装发表活动设4个专用的大帐篷，以这里为中心来运营每年的时装发布会。这种专用服装表演帐篷就是服装表演专用场所之一，其特点是灵活性大、活动装置可根据场地大小而定。目前这种形式的活动表演场所还被各国服装发布会广泛应用。

　　1993年秋，作为法国文化部改造卢浮宫计划的一环，在卢浮宫美术馆前院的地下建造了可分别容纳1500人、1200人、700人和500人的4个常设表演场馆，称"卢浮宫地下方厅"（Carrousel du Louvre），作为时装发布的殿堂正式启用。除了举办高级时装、高级成衣和男装的每年2次发表会以外，各种与时装有关的活动也都可以在这里进行。"卢浮宫地下方厅"是服装专用表演场所的代表，拥有一个常设会场曾是法国时装界多少年来的梦想，这个梦想的实现进一步巩固了巴黎作为世界时装中心的国际地位。

　　目前，国内许多省市开始建造以服装展示为主要功能的多功能展示厅，配合各地的服装博览会；部分大中专院校由于设有服装表演专业，也修建了专用的服装表演厅，其灯光的配置、舞台造型设计、布景设计基本上按常规程式化的设计方式。服装表演专业场馆是服装表演最为适合的场所。对时装表演制作者来说，选择专业场馆有诸多方便之处：这些场馆在设计中是以服装表演为主要使用目的的，因此空间的配置合理，便于舞台造型设计和布景设计，更衣室和化妆间与舞台上场口的距离较近，便于模特快速换装；另外，其灯光设备选择上会根据服装表演需要，配备的灯具及效果投影器会以展示服装为主，且可以进行灵活调整。对于专业场馆的设计来说，其灵活性也较大，可根据所展示的服装进行相应的设计。

　　巴黎大皇宫（Grand Palais）位于法国巴黎的香榭丽舍大道，是为了1900年的世界博览会而修建的。香奈儿2016春夏高级成衣秀在巴黎大皇宫举办，搭建了一个航空公司的航站楼，嘉宾们需要办理登机手续后才能"乘坐"航班（图5-27）。

　　阿玛尼剧院（Armani Teatro）是乔治·阿玛尼为自己品牌建造的专用剧场，位于意大利的米兰，拥有558个座位，专门发布他的男装和女装秀。为了庆祝乔治·阿玛尼品牌成立40周年，乔治·阿玛尼于2015年在阿玛尼剧院内举行了一场乔治·阿玛尼的高定秀（图5-28）。

二、综合性的会展中心

　　会展中心是为举办各类博览会和展销会而

感方面有欠缺之处。宾馆内的灯光作为舞台表演之用时常会不足，因此，设计人员在选择宾馆时必须根据需要考虑补充光源。宾馆也不能为时装表演提供专门的舞台、背景，而是要每次时装表演前，专门搭建。在舞台设计方面，可以利用有限的空间将表演区域与观众席划分，并合理设计舞台造型、舞台高度、灯光设置等。有的宾馆因受场地限制，后台空间较小，表演中多少会有些不便。这些都是制作人员必须充分了解并尽力解决的问题。

2013年10月29日，国贸大酒店群贤宴会厅成功举办了首届"紫禁之巅·梦"——北京国贸大酒店新锐设计师联合时装发布会，吸引了包括媒体和时尚达人在内的广泛关注（图5-31）。

图5-31 北京国贸大酒店新锐设计师联合时装发布会

图5-32 2019世界旅游小姐中国区总决赛

五、电视台演播室

电视台演播室是最适宜表演的场所，演播室中灯光、音响、舞美效果因为专业设备的齐备和保障，而可以达到最理想的演播水准。通过专业人员的操作，表演可以以最快的速度音形兼备地传送到各地观众的面前，传媒覆盖率十分广泛。同时，现场直播的规范性也会调动模特的表演积极性，一点细小的差错都可能被屏幕前的人们注意到，因而她们会格外投入。

如果要举行知名度较高的表演时，制作人员常常因此选择电视台演播室。如第一届、第二届上海国际服装文化节国际时装模特大赛的决赛都是在上海广电大厦内举行的，2019世界旅游小姐中国区总决赛在河套电视台演播厅举行（图5-32）。

六、室内体育馆

体育馆也可以用于时装表演。它可以容纳相当数量的观众，对演出的赞助商而言，体育馆可以为他们提供很好的宣传条件：馆外的条幅上、馆内的腰墙上、看台前的围栏前乃至入场券上都可以见缝插针做广告，并很容易为人们所接受。如1989年"迅达杯"时装模特大赛就在上海黄浦体育馆举行；静安体育馆也曾举行过1995年、1996年的第一届、第二届上海国际模特大赛。

作为体育比赛用场地，体育馆用于时装表演也有不足之处，如音响、表演台搭建等需要制作

人员专门解决；另外，环形的观众席也会给部分观众的观看带来一些困难，还有一些观众席距离看台太远，借助望远镜方可观看，影响了观众观看表演的效果。为了避免这些不足之处，在进行舞台设计时可以适当地延长T台或根据场馆进行相应的环形舞台设计。

2012年8月30日，设计师兰玉在五棵松体育馆M空间举办了一场穿越时空，赋予宇宙奥秘设计风格的时装秀，给我们带来了一场视觉盛宴（图5-33）。

图5-33 《完美国际》魔玉幻境发布会

2020年11月28日，高端大气的周口市体育馆，著名服装设计师、国际名模、Maryma高级定制品牌创始人兼艺术总监马艳丽女士，带着她的团队和老家周口如期相约。一场持续1小时的服装走秀，让周口观众大饱眼福，近距离与国内顶尖级时尚团队接触。

位于场馆中央位置的舞台，特别绚丽多彩。灯光打上去的时候，不仅五光十色，而且还可以清晰地看到舞台前方专门设计的水池，它美妙地倒映出舞台上的一切，彰显出水天一色的效果。这种简约而又不失华丽的舞美设计，让观众眼前一亮。马艳丽打造出了千年彝绣、香格里拉、茶马古道等带有鲜明民族特色的服装秀活动（图5-34）。

七、室外

如果对天气有充分的把握，时装表演也可以选择在室外进行。室外举行的时装表演与观众的亲和性强，开放式的演出很容易将行人吸引过来，加之观众的流动性，演出的传播效应十分明显。

许多商场由于内部条件不佳，会在商场外的空地上搭建表演台以展示服装。国内许多质量上乘的商厦在建造时专门将商厦前广场的设计也纳入整个建筑设计之中，使之与商厦俨然一体，时装表演的效果自然也不同凡响，如上海的巴黎春天、华亭伊势丹、百盛等。广场的建筑风格揭示商厦的经营风格，既为时装表演提供了华丽的背景，又不会使演出与商厦脱离，让观众忘记了表演的意义所在。

时装表演还可以在城市著名建筑物前举行。这些建筑物气势雄壮，一般都是城市著名景观。在这种建筑前搭建表演台，无须复杂的刻意设计，建筑物本身就是一幅壮丽的背景，这在一些庆典性的演出中经常可见。如上海的东方明珠电视塔下就举行过多次类似活动。如果举行具有鲜明民族特征和古典意味的时装表演，则可以选择城市的古建筑。如1995年，设计师吴晓丹就曾在北京故宫举办过一场名为《紫禁城》的时装表演。设计师王新元曾在长城举行过服装发布会。

选择建筑物为背景的时装表演，在夜晚举

行时会更为壮观。在舞台设计上可以利用先进的激光技术、电脑照明系统等一面烘托出建筑的宏伟与神秘感，一面制造出表演场地灯光变幻的氛围，让观众进入似真似幻的境界。如在故宫祈年殿上举行表演时，用近1/2的光源勾勒出祈年殿琉璃瓦、朱柱、赤拱的雄姿，其余灯光一半照射在表演区域，一半射向深沉浩瀚的夜空，渲染出了整个演出的跨越时空之感。

除此之外，室外体育场地也是举行时装表演的可选场所之一。一般室外体育场大于室内体育场，这时举办时装表演的规模也就较大，演出阵容庞大，效果也会更加热烈。

时装表演制作人员为了制造新意，有时还会在一些特殊场合如游船上、飞机前、溜冰场上、名胜古迹旁举办表演。由于场合特殊，表演有时也会收到出乎意料的效果。

迪奥2018早春系列在洛杉矶的峡谷露天保护区举行，荒野中升起了2只巨大的热气球，上面写着"Christian Dior Sauvage 迪奥旷野"的主题名称；白色帐篷下是沙漠色的软座；前来观秀的嘉宾也都心领神会地遵守着西部原始的着装规定，这些场景很容易让人联想到《西部世界》（图5-35）。

图5-34 马艳丽Maryma时装作品发布秀　　图5-35 迪奥2018早春系列秀场

第四节　服装表演的舞台设计

一、服装表演的伸展式舞台造型设计

伸展台可以设计成各种各样的形状，主要包括以下几种：T、I、X、H、Y、U、Z形。时装表演的舞台尺寸和形状，一般根据演出的规模，即表演服装和参加模特人员多少，以及场地大小而定。舞台多为木质，表面包上结实的白布或铺上灰色的地毯。台面结实而平坦，以便模特能够在上面自由地活动而不受影响（图5-36）。

影响伸展台形状的基本因素在于演出场所的大小，如礼堂、饭店、商场或是其他一些时装表演场所的大小。不同的伸展台形状有其各自的优缺点。表演台的台形很多，但有两点是共通的：一是表演台应有一定的高度，使观众可以对服装的整体效果一览无余；二是台形在能够完成制作者的走台设计要求之外，应尽可能简洁，复杂的台形既会使表演整体效果有零乱之嫌，也会给搭建带来难度。

（一）T形台

T形台是最常用的伸展台形状，是舞台和所延伸部分的组合。模特们从舞台上场或离场，并且直接沿着所延伸出来的部分展示服装。这是一种最简单的伸展台形状，也是最不容易引起观众兴奋的设计。通常伸展台由120 cm×240 cm的拼块构成，因此，其尺寸一般是拼块尺寸的倍数，具体尺寸视场地大小而定。典型的商业性服装表演伸展台其长度一般为1000～1200 cm，这让模特有足够的空间展示服装，也让观众有足够的时间观看整个伸展台上的演出。这种舞台造型简单、视觉开阔、亲和力强，能够使服装得到最大限度的展示。在这种表演台上，每组模特常常会从两边出场，共同亮相后，再逐个或两两走向伸展台，走到尽头处停止，做造型，然后返回。T形台台形简单、编排方便，能够使每件服装得到最大限度的展示，因而在设计师发布会、商场促销表演等场合运用广泛（图5-37）。

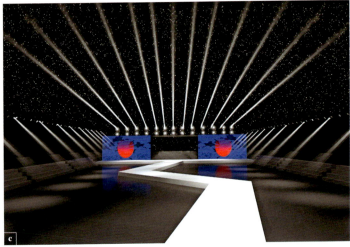

图5-36　延展舞台

图5-37　T形舞台

FASHION SHOW

香奈儿2012春夏高级定制系列秀场，将巴黎大皇宫西南画廊变身为豪华机舱，带领观众前往香奈儿2012春夏高级定制时装秀。美丽天空下是舒适的扶手椅，脚下铺满印着双C暗纹的地毯，还有满载饮料的小车穿梭其中，不时为客人送上一份清凉（图5-38）。2018年，维多利亚的秘密内衣秀，使用的也是最常见的T形台（图5-39）。

图5-38　香奈儿2012春夏高级定制系列秀场

图5-39　2018年"维密"内衣秀

（二）倒T型台

倒T形台，顾名思义是与T形台布置方向相反的台形。伸向观众的前台宽度一般为600～1000 cm，由于主要演区靠前，更有利于服装的展示。这样前台宽展的台形，展示系列感强的服装效果突出（图5-40）。

香奈儿2016春夏系列秀场，卡尔·拉格斐将本次秀场变成了具有北欧风情的木屋，可以看到一排3层的木质建筑，绿色草坪中镶嵌着原木的地板，如同在郊外搭建了一个巨型舞台。模特沿着建筑走到舞台中心，再向台前的观众走去，是非常经典的倒T形台（图5-41）。

（三）I形台

I形台则是将T形台与倒T形台合并而成的台形。这种走道的设计在原来的基础上增加了一个平台，这个平台和舞台平行。台的前区和后区宽度相等。如后区加上台阶，前区台面成圆形的话，舞台的层次感较强，适合规模较大的表演。这种延伸让模特可以有更多的时间在走道上展示，而且更加靠近观众，以一种更具吸引力的方式把服装展示给观众（图5-42）。

缪缪（MIU MIU）2017秋冬系列时装秀，

图5-40　倒T形舞台

图5-41 香奈儿2016春夏系列秀场

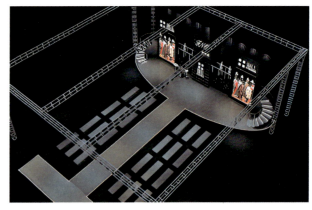

图5-42 I形舞台

AUGUST PERRET

在奥古斯特·佩雷特（August Perret）所设计的巴黎耶纳所举行，秀场空间被紫色皮草所包覆绵延至大厅，这是AMO工作室极力营造的美感：为原本建筑的庄严注入满满的细腻柔和，伴随着款款走来的模特，变幻出立体缤纷的力量（图5-43）。

（四）十字形舞台

十字形舞台或者说是交叉形舞台是一种独特的令人着迷的舞台形式，包括两个以90°交叉的平台，在走道的一侧增加两个或是四个台阶让模特由此走上舞台。模特从观众席的入口上台和退台，这样他们与观众的距离更加接近（图5-44）。

路易·威登2020早春秀场的取景地位于纽约

图5-43 缪缪2017秋冬系列时装秀

图5-44 十字形舞台

图5-45　路易·威登2020早春秀场

肯尼迪TWA机场，该机场由建筑师埃罗·沙里宁（Eero Saarinen）设计于早期的航空时代，是第二次世界大战推动技术转型的具体体现。这座建筑的形态与鸟或飞机相似，而屋顶向上的动势似乎也暗示着这种逻辑。建筑师从未表示过他的设计是为了表达任何物质上的东西，这本身就是对飞行概念的抽象。流动的形态贯穿在建筑空间内部，楼梯和柱子与地面流畅衔接和融合，形成一个交叉的十字形T台（图5-45）。

意大利男装品牌杰尼亚（Ermenegildo Zegna）大秀以"献给地球的艺术"为题，联合纽约艺术家安妮·帕特森（Anne Patterson）创作的蓝色布带（服饰生产中产生的废料），传递"利用现有的"环保理念。利用蓝色布带，将舞台分割成"X"形舞台，提供多方位、多角度的服装展示（图5-46）。

（五）H形台

H形台包括两个直线伸展台，并且有连接二者的带状区域。这种形状的好处在于可以使几个模特同时出现在走道上，以增加演出的趣味性和变化，引起观众的兴趣。特别是在较大型的演出时，这种H形台可以很好地吸引观众的注意力。两个成功运用H形台的例子是法国设计师索尼亚·里基尔（Sonia Rykiel）和美国设计师鲁迪·吉恩莱希（Rudi Gemreich）。因为H形台可以让许多模特同时出现在舞台上，模特们身着简单的斑点花纹服装就可以吸引观众的注意力。Rykiel让12名模特穿着设计几乎相同的同一套系的服饰。洛杉矶时装集团曾经用H形台呈现鲁迪·吉恩莱希的回顾作品展。伸展

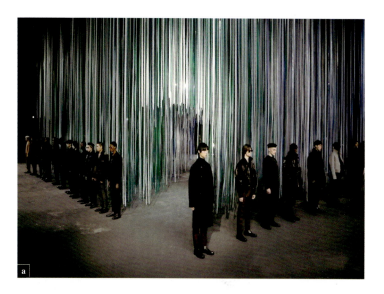

图5-46　杰尼亚2020冬季系列秀场

图5-47　H形舞台

图5-48　普拉达2020秋冬男装时装秀

图5-49　香奈儿2020高级定制秀场

图5-50　迪奥2018春季镜面秀场

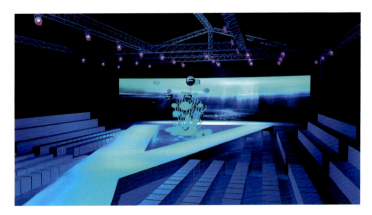

图5-51　Y形舞台

台很长，还融合了3个独立的展示台，模特们从台下一个秘密的通道走上台，然后排列在舞台中心（图5-47）。

普拉达2020秋冬男装时装秀由AMO操刀，于普拉达基金会的寄托者（Deposito）大厅中举办。秀场被打造成一个虚构的意式广场，彰显公共空间的无限活力。H形T台更充分地展示其风格，提高观众的观看兴趣（图5-48）。

香奈儿2020高级定制秀场，在创意总监维吉妮·维娅（Virginie Viard）的带领下，秀场设计回归创始人可可·香奈儿童年所在地奥巴辛修道院，巴黎大皇宫化身为中世纪的古典花园（图5-49）。

迪奥2018春季镜面秀场位于罗丹博物馆花园内，设计师为春季系列建造了一个镜面展馆，该设计从尼基·圣法尔的高迪风雕塑公园得到灵感。秀场占地总面积约2200 m²，由80名工人历经20天紧锣密鼓地搭建，共用掉8万块镜面，7.2 t涂层混凝土。秀场内部粗糙的白色混凝土与闪亮光滑的镜面产生强烈反差，秀场打造成了一场戏剧化的光影秀，让迪奥2018春季时装呈现出令人兴奋的色彩（图5-50）。

（六）Y形台与U形台

Y形台与U形台十分相似。Y形台是由基础伸展台延伸出两个有一定角度的伸展台。这种舞台的形状也非常有吸引力，可以增添表演的多样性（图5-51）。

香奈儿2017秋冬系列在卡尔·拉格斐的巧思下，大皇宫被改造成品牌专属的太空火箭基地，舞台围绕着火箭装置呈现出Y形。火箭喷射出的袅袅白烟和人类登陆月球的20世纪60年代风格，大家看得如痴如醉（图5-52）。

（七）Z形台

Z形台或折线形舞台的设计既简单又复杂。这种Z形台有助于表现多种走台线路及步伐。模特可以通过转体或改变方向，有效地从多个角度展示服装（图5-53）。

安雅·希德玛芝（Anya Hindmarch）2017秋冬秀场用几何形式来表现各个自然元素。以金属架为基座，Z形舞台的表面采用白桦木板来构筑。用连续的锥形表示山上的积雪，金属骨架来表示山边的云朵，这种简洁而不失造型感的表达方式，有助于突出服装和配饰特色（图5-54）。

（八）S形台、U形台、环形舞台

S形台、U形台、环形舞台等流线形舞台也运用较多。流线形舞台是一种曲线形伸展，利用"剧场是环形的"的逻辑使模特更加接近观众。鉴于造型的关系，它们对表演场地的要求也就较大，这样才能使表演台有足够的伸展空间。这些舞台对演出伸展空间要求相对较严，其特点是观众的视觉点更多，模特表演空间更大。编导在设计走台路线时可富于变化，根据表演主题设计表演场景，使模特的动态表演和静态造型有机结合。另外，编导也要具备较高超的编排能力，使模特的走台路线既富于变化，又不显得杂乱无章。如果编排成功，在这样的表演台上演出，会十分精彩动人（图5-55）。

2020年巴黎世家的大秀以"巴黎世家会议"为设计主题，电影制片厂被选为秀址，秀道被置于端庄肃穆的椭圆形大礼堂里，以蓝色为主色调。这是环形秀场的典型案例（图5-56）。

还有芬迪（Fendi）2020年的秀场。这场秀为纪念卡尔·拉格斐及生前创作的最后一个女

ANYA
HINDMARCH

图5-52　2017香奈儿秋冬系列

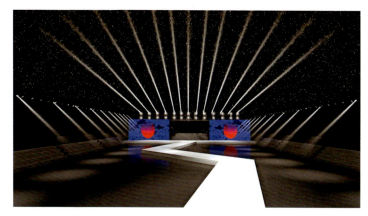

图5-53　Z形舞台

图5-54　安雅·希德玛芝秋冬2017秀场

图5-55　S形舞台

装系列，创意总监西尔维亚·文图里尼·芬迪（Silvia Venturini Fendi）为上海特别设计的系列，共包括了15款，展现了2人几乎贯穿一生的创作伙伴关系（图5-57）。

在此基础上，还可以有多种几何形状组合的组合形舞台（图5-58）。

图5-56　巴黎世家2020秀场

图5-57　芬迪2020秀场

图5-58　组合型舞台

（九）组合型

有些时装表演是在非正式的场合进行的，通常对表演台的要求不高，这时可以搭建简易的台形。搭建矩形台是为了使观众能够近距离地观察服装，如在服装博览会上，鉴于场地的限制以及参展商宣传产品的需要，让模特穿着公司服装，在台上进行动态展示，加上解说员的介绍，这样会收到很好的宣传效果。

在剧场内表演时，可利用剧场镜框式舞台和箱式布景式舞台进行设计，利用布景装置渲染表演主题。由于剧场有较宽阔的舞台，且有一定的高度，一般不另外搭台，或者只是在舞台后半部搭一个简易的阶梯式平台，以增加表演的层次感。演出时，可以依靠编排增加表演的趣味性。

在以建筑物作背景演出时，可利用建筑物本身的景观设计舞台造型，可设计成不规则形，或利用平台、阶梯、回廊进行装饰搭建。如果建筑物较为庞大，此时将表演台设计得过于复杂是不合时宜的。如果建筑物前已有较宽阔的平台，有阶梯又有一定高度，那么这就是一个天然的表演台，稍加装饰即可使用；如果没有，那么搭建一个大型的矩形台，或者T形台即可。

伸展台表面设计是表演设计者需要考虑的另外一个重要因素。地毯或防滑表面有助于保护模特及模特所穿的鞋子。伸展台表面可能是建筑材料或者是褶皱的织物；另外一种伸展台表面是维尼纶织物，这种材料可以用于伸展台的表面和侧面。

二、服装表演的布景设计

背景可以说是形成表演台搭建效果的道具。它在表演中既实用又具艺术性。它的实用性体现在：一是充当屏幕，隔开前台与后台；二是有宣传作用，既可显示表演主题，又可通过适量张贴赞助商名给他们做"软广告"。另外，背景板的造型、文字或图案的展示方式也显示了制作者的艺术创作水准，一幅好的背景是能与表演主题相吻合的绿叶（图5-59）。

20世纪80年代以前，欧美时装表演的风格大都较为繁华，因而背景的结构与装饰也较复杂。80年代以后，简约风格逐渐占上风并发展至今。当今最常见的背景板设置方法是在表演台起始处竖立一块较宽的板，再在前面平行处左右设两块大小相同的小板。这样可以掩饰模特上场的过程，又做到了设计简洁。有时左右两侧的板会设置二层、三层，并辅以造型设计，以获得层次感。一般在大背景板上显示的是演出的主题，左右小板如果需要可以写明赞助商、主办单位。背景板的色彩以浅淡为主，灰色、白色是最常见的颜色，板上的文字、图案与背景色彩的对比度不应太强，面积也不能太大，以免喧宾夺主。有时为了使演出形式更丰富，制作者还可以在背景板上投影，放映演出所需的背景照片，这种方法极为生动，还可"说出"制作者仅仅凭有限的服装不能言尽的话。这种背景的布置方法在一般的促销型、发布型时装表演中最常使用。

对于那些规模较大的如庆典型、时装节类的时装表演，这时的背景制作有时也会服从于渲染热烈气氛的要求，设计得稍微复杂些，如增加背景的层次感、装饰感等，但对文字、图案的要求也还是尽量简洁的。

时装表演的舞台背景是舞台构成的一部分。创造一种与表演的格调、规模相协调的舞台气氛，是背景设计的主要目的。一般来说，时装表演舞台背景的处理手法都比较简单，造型简约，色彩常常使用纯净的素色，目的是突出服装作品。

舞台背景常用的是屏风式、门板式两种。屏风式是用木材或用其他材料制成的屏风垂直安放在舞台后区，当代服装表演中多利用LED屏搭建成屏风，形成立体对称的舞台背景。屏风的分割使舞台具有纵深感，加上灯光的处理，越加显出舞台的伸展效果。如果表演场地面积较大，屏风后面搭成台阶，模特从后台阶上台出场，使观众先看到模特头、脸、上身，然后看到身体的全部，衬托着天幕光的运用，能产生很好的效果。一般情况下，因受场地限制，屏风后面即是天幕，模特多从屏风两边上场。屏风的两边是模特的更衣室。更衣室的面积要尽量宽大，并且离舞台一定要近，通道要畅通，便于模特"抢装"和进出场。门板式是指舞台后区用活动的可以转动开启的门板作背景。门板式背景与模特的出场有直接关系，一般是模特造型做好以后，平面的门板自动开启成立面，模特走上台。门板式的制作比屏风式的要求高。自动开启的门一定要操作简便，保证灵活闭。此外，还有平移式门板，整个背景是一扇时而移动至关闭，时而移动至分开的大门。模特在开合之间上下场，具有神秘感觉。这种门板根据场地的大小，可以是两块甚至是三块。在制作时要注意门板合拢的中缝，不能有拼接之感。移动门板的轨道要光滑而无声响，以免影响演出效果。

时装表演的舞台背景往往与天幕连在一起，天幕是指舞台正后方的墙面。天幕一般由可受光的白布制成。早期传统服装表演中的天幕的上方和下面都设有灯光，称为"天排光"和"地排光"。由于上下灯光照射的作用，天幕能根据表演的需要变换灯光色彩，用天幕的色光烘托表演气氛。

除了室内舞台外，时装表演有时还利用广场或空旷的室外作舞台。室外舞台的背景往往是富有动感的实景。或是广场光彩流溢的喷泉；或是流动的串灯勾勒出的高楼、大厦、山丘、树木；或是平静的湖泊及湖面的霓虹倒影。自然景观作背景能为时装表演增添活力和生气。

杰奎姆斯（Jacquemus）2020春夏秀场上，为庆祝品牌成立10周年，设计师西蒙·波特·杰奎姆斯（Simon Porte Jacquemus）特意在南法普罗旺斯举行此次大秀，在瓦朗索尔一望无际的薰衣草田里，铺展了一条粉红色的"天桥"。此次时装秀一共推出65个男女装造型，以法文"烈日晒伤 Le Coup De Soleil"为主题，现场阳光普照的环境非常契合气氛。整个系列选用了丰富的色彩配搭，宽松的剪裁展现中性魅力（图5-60）。

图5-59 服装表演的布景

图5-60 杰奎姆斯2020春夏秀场

图5-61 巴尔曼2021春夏时装秀

图5-62 中国国际大学生时装周

在舞台背景设计中，最醒目的是服装表演的标题。一般有2种设计：一是时装表演的全称，可设计成美术字体，有时需要中英2种文字，利用投影或LED屏幕在舞台后区呈现。二是徽标，徽标或是某个企业产品的标志，或是企业形象的标志。标志特定图案的制作要精心、准确。标志往往会设计在舞台背景视觉的正中位置，表演中能起到有效的广告宣传作用。

巴尔曼2021春夏时装秀在巴黎植物园上演。由于疫情的原因，虽然错过明星大腕亲临现场，但LG的OLED虚拟阵容弥补了缺憾。贵宾们装扮得完美无瑕，坐在全白的背景前，通过LG OLED电视在整个会场的观众席中排成一行，就好像坐在展示的座位上一样，面对模特来观看秀场。本次时装秀集中在三个基本主题上：遗产，社区和乐观主义。该系列的精神是跨时代和跨文化的。跨性别混搭轮廓，生动的荧光色调以及对环保牛仔布的独特设计，都让人眼前一亮（图5-61）。

（一）程式化

在此类时装表演中，其布景设计要求既实用又有艺术性。实用性表现在划分了表演区域

和后台，并且利用背景显示表演主题、标明主办单位、使用投影屏幕展示与表演相关的内容。艺术性表现在布景设计的造型、文字、色彩、图案和道具摆放方式上，时装表演中布景的色彩以浅色为主，白色、灰色是最常用的颜色，文字图案的大小、摆放位置要讲究构图，否则会喧宾夺主，影响服装的表现效果。

每一年的中国国际大学生时装周，都采用程式化的舞台，通过投影表明主办学校，模特的展示形式通常为单溜。舞台的氛围较为学术化，灯光或明亮或昏暗，没有复杂花哨的灯光，将观众目光聚焦于服装本身（图5-62）。

（二）戏剧性

在戏剧性的时装表演中，布景设计不仅应起到划分舞台空间的作用，展现它的使用功能；而且在设计中应体现服装的地域特点、时代特点或生活场景，通过布景设计让观众更深刻地理解服装所要表达的深刻含义。

赛琳（Celine）2020春夏男装发布会的主题是"复古摇滚"，在舞台设计上选择了搭建模拟场景的手法。伸展台摒弃了传统的T形台，选用

图5-63　赛琳2020春夏男装发布会

了与观众席持平的街面舞台，既可以营造出在街头的随意感，同时又具备戏剧化效果。舞台背景板上方设置了一块酒红色天鹅绒材质的幕布，幕布下方是模拟摇滚演唱会舞台的背景灯。这样的设计使舞台在视觉上空间张力十足，方便配合模特集体出场，以更好地完成模拟街面场景的效果。在灯光设计方面，赛琳选用了较为柔和的整体灯光，这种"软光"的光质在发布会式的服装表演中经常出现，能够更好地渲染一个较为朦胧的舞台氛围（图5-63）。

浪凡（Lanvin）2020春夏发布会中，秀场选择了将一个以游泳池为中心的室内建筑作为舞台背景，来模拟出能让观众身临其境的"中产阶级游艇会"。在灯光设计方面，设计师没有使用传统服装表演舞台的灯光，而是利用自然光代替灯光进行舞台照明，这样呈现出的舞台效果更加自然，也更符合该季服装"骄阳似火"的主题。阳光通过建筑顶部的镂空设计在地面和泳池上形成规律的光束。这里需要注意的是，这种采用自然光照明的设计方法虽然新颖，但要配合表演场地的天气、建筑的条件等外在因素，需要设计师多方面的考量和整合。（图5-64）在表演形式上，这一季采用了大量的水手、海洋元素，模特的表演方式较为轻松随意，给观众展现了一个清爽悠闲的夏日氛围（图5-65）。

图5-64　浪凡2020春夏发布会1

图5-65　浪凡2020春夏发布会2

（三）探索式

在探索式的时装表演中，布景设计更多地建立在象征性想象的基础之上，采用简洁甚至是空荡荡的布景结构，运用形式化的设计手段，强调立体空间，渲染扑朔迷离的视觉效果。

莫斯奇诺（MOSCHINO）在2020年的早春度假系列就采用了万圣节与年轻人喜欢的恐怖电影文化相结合的设计方式，将传统与影视艺术中能引起受众共鸣的部分提取出来，运用在模特的视觉形象的创新设计中。用浓重的色彩、夸张的剪裁以及cosplay式的妆容营造了惊险、有趣的节日氛围。它不仅做到了让大众印象深刻，也将传统文化的趣味和内涵准确地传递给了受众。许多设计师采用社会人文与时装表演相结合的创新手段，使受众具有代入感和参与感（图5-66）。

范思哲（Versace）的2021春夏季新品发布会探索位于"Versacepolis"的海底，选择了水下主题展示来自神秘海底古迹的灵感和活力。世界超过百分之八十的未知探索都在海底，这些谜团未标注在航海地图上和人类的视野中。范思哲的表演永远是范思哲式的表演，无论是数字形式还是现场形式。出于对自然，逃避和幻想的渴望。这个秀场介于幻想和现实之间。凡尔赛波利斯是神话与未知现实相遇的地方。

图5-66　莫斯奇诺2020早春度假系列

遗迹建立在海床上，由蛇妖美杜莎统治，奉行着权力、力量和美丽的原则，松软的沙质走道，灯光昏暗的空间排列着衰弱的神祇雕像和摇摇欲坠的罗马柱，模型看起来像炫目的海洋生物。雕刻成石头的美杜莎头，坐在虚构的海底，周围环绕着波塞冬和阿多尼斯式的雕像和其他手工艺品，意在创造一个亚特兰蒂斯式的场景（图5-67）。

近几年，许多实验性时装表演摒弃了传统的表演方式，采用了行为艺术进行时装展示。有的利用模特与观众的互动，也有的会根据不同的时装主题采用相应的表演风格，更有多种艺术手段叠加使用的方式，这些都需要模特和设计师配合完成。

（四）简易式

有些简易形式的时装表演常利用屏风或帘幕作背景，或者省略布景设计。有些时装表演场地的自然景观就是天然表演背景，如迪奥2019早春系列将秀场选择在了巴黎郊外的尚蒂伊城堡的赛马场，整场秀仿佛穿越回20世纪50年代（图5-68）。

（五）主题性

主题性的时装表演布景设计会具有强烈的主题性，可与服装主题、秀场主题、服饰风格、服饰种类等相结合，通过舞台氛围的烘托，表达设计师的设计意图。

作为2022春夏中国国际时装周的开幕大秀，盖娅传说·熊英于2021年9月3日20:00，在北京艺术地标751D·PARK，成功举办了2022春夏系列"乾坤·方仪"发布会。品牌一如既往地将中式美学意境与西式时尚剪裁完美融合，大秀区别于单纯的T台走秀，从场地选择、制景的精雕细琢，到主题音乐、模特妆容、服饰搭配，无不匠心独具，统合而一，由点到面地呈现秀场的艺术性，将时尚与文化用故事串联，呈现出国际顶级艺术水准的服饰秀演。

本场发布会延续"乾坤·沧渊"发布会主题，从海洋过渡到陆地，以还原事物

图5-67　范思哲2021春夏季新品发布会

图5-68　迪奥2019早春系列

最原始的状态和自然的美感为主旨，诠释对生命的赞叹和礼敬。世间万物都有自己的生命力，自由且纯粹，通过大地孕育生发的力量，升华生命的真谛，让每个人感受自然之美，治愈喧嚣的尘杂，诠释对生命的崇敬，让万物回归美好与纯粹。本次秀场置景上做了很大的突破，品牌将难以实现的自然景象，如山川河流、花鸟飞蝶、雨林植被、盘根古树，及多种栖息动物等元素搬置到场地内，景象壮阔且传递一种对自然与和平的向往，赋予这个世界新的生命力。现场所有生物已于秀后放生回自然。

（六）街头式

街头式的时装表演布景设计常通过两种形式体现出来，一是真实的街头，二是在表演场地营造出街景。无论是以哪种方式呈现的街头式表演，其舞台氛围的营造都会拥有街景元素，如房屋、路灯、街边围栏等。亚历山大·王（Alexander Wang）2018春夏系列的秀场就选择在了布鲁克林布什维克的街头。模特在一辆派对车上，在纽约繁忙的周六晚上开始发车游行，旁边还有一列平板上装了一排钨灯的公羊卡车。第一站是在曼哈顿的拉菲特街和中心街，第二站是亚斯特坊广场。模特们从大巴上逐一走出，在纽约的大街上接受公众闪光灯的洗礼（图5-69）。

（七）云发布

如今，不少时装周已经搬到线上。打开直播，各种首发潮流新品、穿搭风向都可以尽收眼底；碧水蓝天、复古剧院、艺术空间等虚拟"T台"，与品牌服装形成恰到好处的呼应。在互联网技术助力下，中国多地时装周开设数字专场。除了一览潮流新品首发外，观众还能在第一时间将心仪产品一键购入，实现"云看秀+云逛街"的双重体验。

2020年，博柏利带来了世界上第一场真正的全球直播秀。在纽约，洛杉矶等五个全球城

图5-69　亚历山大·王2018春夏系列

市的私人放映厅给贵宾们发放3D眼镜，西装革履、穿着精致的VIP们在屏幕前感受了这场仿佛声临奇境的发布秀。除了五大私人放映厅外，Vogue、CNN等73个网站全球联播，博柏利秀就像是一堆蒲公英种子飘向全球，首席执行官Angela Ahrendts称是这是"奢侈品牌有史以来分布最广泛的时装秀，潜在的受众超过1亿"（图5-70）。

（八）数字化

数字化时装秀场是以数字媒体专业（又名新媒体艺术）与传统时尚秀场相结合的一种新型的呈现方式，其方式内容包括虚拟影像布景、3D光影技术、VR展厅等以数字化技术为主要方式来去传播品牌在秀场新一季的设计理念。这几年都在流行各种破圈，这可以算是一种全新的跨行业破圈合作了。

2023年8月18日，乌鲁木齐国际纺织品服装商贸中心N4馆内在高5.5 m、宽22 m的巨型LED屏上，近200幅时装作品以虚拟图像与影像的形式呈现，在生动色彩与变幻光影交错中带来视觉的震撼。这是2023年"丝路向未来"第七届亚欧时装周活动中的惊艳一幕。此次的主题为"大美新疆、融合绽放、数字缤纷"。大美新疆的沙漠、草原和湖泊融入秀场后台背景，设计师使用AI软件创建，以虚拟的服装面料、色彩以及模特，完成时尚和技术的又一新作。

图5-70　2020年博柏利第一场全球直播秀

第五节　服装表演的灯光设计

服装表演如其他演出一样需要灯光。"现代灯光之父"阿皮亚认为，光是任何舞台演出形式的灵魂。通过灯光对舞台气氛的渲染、烘托，使演出的内容得到强化，观众更能产生身临其境的感受，这缩短了演出与观众的距离。因此，作为创造舞台意境的主要手段，光成为舞台艺术家们的调色板。

一、时装表演的灯光布局

时装表演的灯光布局与一般的舞台灯光基本相同，可分为：后演区光，主要有天幕光、特殊光、逆光和侧逆光；前演区光，主要有面光、侧面光、追光等。另外，还有特殊效果光，如激光、紫外线光、平闪光等。目前，国内时装表演对灯光的要求，除国家级的高规格表演之外，一般都不十分重视，甚至可以说，时装表演的舞台灯光一直是一个被忽视的问题。其实，时装表演的灯光布局不应该是一般的照明，应该有更高的要求。从整体来看，要达到以下几个方面的要求：第一，要突出服装的肌理感、层次感和造型感；第二，要着力表现模特容貌的漂亮、肌肤的柔嫩以及形体线条的优美和流畅；第三，要能形成综合性的舞台风格意象，为表现服的风格营造艺术氛围。

二、时装表演的灯光作用

灯光具有装饰性，表现力强，可烘托气氛，构造情调，形成格调，特别是在模特出场之前和演出间隔时出现的装饰性色光，更是服装表演的审美手段。可根据需要利用灯光不同色彩和投影器打出不同景色，创造表演服装的环境。

一般来说，在服装表演过程中不宜使用有色光，因为它会改变服装本身的色彩，对服装实际效果的展示有影响，浅色会在强有色光下失去原有的色彩。如果设计师需要利用变化的灯光来丰富其作品表现力，其在设计服装款式时就应该考虑光色光影效果。

灯光的运用对服装表演的作用是至关重要的。灯光对物体具有造型的作用，同样，对灯光的利用可以突出服装肌理感、层次感，使服装获得更立体的视觉效果，所以光影的运用对服装的造型是至关重要的。并且可利用灯光分割舞台空间，控制表演的节奏与范围，这种调度手段主要是利用有光和无光、强光和弱光的搭配来组织场面，在表演中起到组织结构造型的作用。通过对灯光的运用还可以对服装表演起到引导的作用，可利用灯光的指向来调动、引导观众的视线，例如舞台追光等，它的灯光效果具有聚焦作用。舞台灯光的利用可引导观众的视线，使不同距离、角度的观众都能清楚地看到表演。另外，还可以利用灯光的特性来丰富服装表演，灯光色彩的变化、强度的变化、光线的位移都是动的因素，如果与表演式动感结合起来，利用不同有色光追踪模特，会使演出更具运动感与节奏感。

三、时装表演的灯光效果

分布在不同方位的舞台灯光，可以整合成为具有整体意象的舞台氛围。灯光的不同性能和不同角度可产生不同的视觉效果，因此，舞台灯光部位直接关系到表演效果。设计灯光，并把灯光与表演合成，是彩排时的重要工作内容。

（一）面光效果

面光分为高角面光、低角面光、正面光和侧面光。所谓高角、低角面光，一般是指正前方高45°或低45°投射的光。高角面光主要投射在模特的下半身，会使人显高；而低角面光主要照射模特的上半身，会使人显矮。正面光光源都在模特正面，使服装及模特容貌全面受光，能表现清晰的服装质感和色彩，同时也使模特容貌明朗亮丽。侧面光从表演主体前方45°侧角投射，具有立体感。面光有明暗反差小，层次不明显的弱点。因此，高、中、低、侧四度面光一般要结合使用，才能使表演主体显得柔和而有立体感。面光是时装表演的基本光和主要光。另外，对灯光色彩运用也关系到表演的效果，对不同灯光色彩的运用可以突出表演主题，或弱化一些不利因素。大面积光色可以使观赏者产生情感联想。如绿色光，产生清新、生机盎然的乡野情调；橙红的暖色光，表现出或是热烈欢快，或是辉煌灿烂的氛围（图5-71）。

图5-71　舞台灯光效果　　　　　图5-72　投影幻灯实景

（二）背景光效果

大面积的背景色光可以使观众产生联想，突出所要表现服装的主题。另外，背景光在服装主题与主题，或是系列与系列的表演转换之间具有转换、过渡作用。一组模特刚走到后区做结束造型，前区的所有灯光就渐渐收掉，只剩下天幕光，这组模特的造型就成了剪影，数秒钟后，模特下场。当下一组模特还没有上场时，天幕光根据服装的需要变换颜色，逐渐亮起。这就是说，当下一组服装还没出场，背景光的转换已经预告观众下组服装表演的主要情调。天幕上还可以打出投影幻灯实景（图5-72）。

（三）T台主光效果

T台主光，主要投射的区域在T台上，最理想的投射状态就是光斑与T台的边缘切齐，光没有溢到T台以外的部分，通常情况下在T台正上方的truss架上安装。主光的效果在于让观众能够清楚地看到时装作品的造型，色彩和质感是对主光设计最基本的要求，确保主光的基本照度，让观众在舒适的视觉环境中欣赏时装作品（图5-73）。

（四）后区顶光效果

后区顶光投射的区域，在后背板及前背板中间的位置，它的效果是勾画出模特的轮廓，只投射在模特的身上，而不投射到背板上。通常情况下，这样的灯一般安装在前背板和后背板中间的顶部。后区顶光选用造型灯ETC作为照明设备，由于ETC有很强的造型和聚光作用，因此可以有效地控制光斑的区域（图5-74）。

图5-73　T台主光效果

图5-74　舞台后区顶光效果

（五）逆光和侧光的效果

逆光的光源在模特的背后。逆光的位置与天幕光的"天排灯"靠近，"天排灯"是打天幕的，逆光灯是照舞台的，只是射角不同。侧光光源照射于模特的横侧面，具有明暗参半的效果。侧逆光的光源从模特后方45°角射出，阴暗部位多于明亮部位。逆光、侧光和侧逆光的主要作用是勾勒形体和服装的线条，强调轮廓造型。因此，也有人把这3种光统称为轮廓光。轮廓光虽然以背光和边光的作用形成强烈的线条和轮廓，但是不能表现服装的细部。在使用和强调轮廓光时，天幕光要收暗或完全收掉（图5-75）。

（六）追光的效果

追光具有可变光圈的大小、色彩、明暗、虚实等功能，在服装演出中随模特移动的同时加强照明亮度，提高观众注意力，实现对演员

图5-75　舞台逆光效果

半身、全身、远距离、小范围的局部照明，有时也可运用追光表现抽象、虚幻的舞台情节。

追光具有"特写"和"切割"的作用，还可以起到引导、指挥和调动观众视线的作用。所谓"特写"，是说将追光照在表演者的上半身或某个局部，以强调服装的特殊效果。"切割"作用，是指在模特多人表演时用追光突出部分形象的手法。这种"切割"的效果，使表演显得神秘而富有变化（图5-76）。追光位置可设置在观众席正面和两侧，还可以放在舞台表演区两侧以及后部等造型需要的位置上。

（七）特殊效果光

特殊效果光是一种较为先进和普及的舞台灯光。它以多种色彩和游动式的投射创造流动的空间感，给人虚幻的、变幻莫测的光流刺激。效果光不同的流速、不同的形状、不同的色彩能对应不同的舞台表演氛围。舞台画面中的特定的强光区的光线效果可以强化演出效果。如尖利的长线条，快速跳跃的光流适合表现叛逆、现代的服装风格；花形图案及缓和变动的速度，适合表现休闲服装等。紫外线光的照射能改变服装的色彩，尤其是白色的服装，在紫外线光的作用下能变成蓝里透紫的特殊效果，增添表演的神秘感（图5-77）。服装表演中需要什么特殊效果，用什么设备器材，装在什么位置，都是因表演需求而异，因舞台演出空间结构而因地制宜。

图5-76　舞台追光效果

图5-77　舞台特殊效果光

·服装表演概论·

四、灯光设计中要考虑的因素

灯光是科学技术发展的产物，它给编导们提供了表达创作的可能性。灯光技术的发展是舞台灯光技术革命性的转变，使灯光有了更好的发挥，空间更加具有多变性。在灯光设计时应考虑以下因素：

（一）光强

光强是个学术名称，其实际上就是我们通常所说的灯具的亮度，是指观众可以感觉到的灯光的明暗程度。光越强，形象越突出；光渐暗，形象渐隐；当收光的时候，人与景物淹没在黑暗中。在灯光设计中，我们可以充分利用光强的作用，因为人们的视觉习惯是向光线明亮的地方看，运用光强可以引导和集中观众的视线。同时还要考虑到光比的因素，也就是说，不同位置光强的大小，可以影响人们对光的明暗程度的感受。比如在T台灯光运用中，如果背板是白色的，背板的光越亮就会对比出T台上模特的受光程度越弱；相反，如果后背板的光越弱，就会感觉出T台上模特的受光程度越强。T台背板以及周边环境的色彩直接影响着光强的作用。在一定的照度下，白色的背板和T台就会使人感到很亮；相反，如果是黑色的背板和T台，就会使人感觉比较暗。

（二）光色

光色就是舞台上光的色彩，光色是舞台灯光中最能表现情感的造型要素，光色可以对T台背板道具以及服装进行二次着色。在舞台中光和色有着不可分割的关系，光是产生色的原因，色是光被感觉出来的结果。物色的三原色是红、黄、蓝，三原色相加为黑色。而光色三原色为红、绿、蓝，三原色相加为白色。因此，光色和物色给人们的视觉感受不完全一样。在白光下，各种物色呈现原来的色。当光色和物色色相相同的时候，物色越鲜明；光色与物色互补的时候，物色变灰暗。白色景物易反射各种光色，黑色景物易吸收各种光色。同一光色照射色相相同的材质各异的景物，其色彩效果也不同。

2022年2月25日22点，古驰2022秋冬时装秀于米兰时装周期间上演。这一次，创作总监

图5-78 古驰2022秋冬时装秀

Alessandro Michele再度发挥了他的创意魔法，以17世纪的反射光学文献中描述的魔法镜子为线索，通过满墙的镜子打造了一个独属于Alessandro Michele的奇妙世界，在灯光折射之间呈现Exquisite Gucci多元奇幻的全新系列。模特们穿梭在镜面的秀场，身处于散发着奇幻气场的魔镜之中。色彩混搭、镂空叠加，都成为了巴洛克式镜子创造奇幻异界的方式。Alessandro Michele以惊奇的视角向大众展示了一个全新的巴洛克式魔镜世界，构筑了一种新颖的时装样貌，时尚的多元与无限可能也就此展开（图5-78）。

（三）光质

光质就是光的性质，光有软硬之分，不同的光质可以产生不同的造型效果，会给观众造成不同的视觉效应。当电视台进行拍摄时，要首先考虑电视需要的基本光的性质，特别是在电视直播时，一定要慎重使用暗场的效果，因为电视摄影机对光的反应与人对光的感受有着很大的差别，如果控制不好，会使电视机造成黑屏，而让电视观众错认为是转播事故。

（四）光位

光位就是灯光投射的方位，包括灯具安装

的位置、投光方向及角度。光位的设计对表现服装造型、模特情绪以及舞台的氛围起着重要的作用。由于时装表演的场地一般来说都不是标准的剧场结构，对光位的选择和实施会造成一定的困难。因此，在确保场地承重安全的前提下，充分利用演出现场的吊点和支撑点，巧妙地利用truss是灯光设计最基本的工作。

众的眼睛上。灯光布局时要注意观众趋光性、适应性、疲劳性等。

（六）特殊光

普拉达2022年秋冬女装秀在米兰Prada基金会的仓库中举行，由Rem Koolhaas的AMO团队完成场景设计。科幻式的金属格栅隧道被淡粉色的霓虹灯照亮，将模特带入宽大而柔和的展示空间。戏剧性的聚光灯跟随着模特，强调了戏剧性和技术性氛围之间的不可思议关系（图5-79）。

（五）光区

光区指灯光投射在舞台空间的区域。光区的设计是由编导的舞台调度、模特的运动范围，以及舞台装置的结构而决定的。在标准T台上，一般把光区分为前区光、后区光、背板光，还有观众席区光。由于T台三面围坐的是观众，所以安排好灯光的投射区域，不要将光线直接照射在观

综上所述，编导者在对舞台灯光做出总体要求之后，要根据不同的表演服装和所需要制造的表演氛围，运用不同灯光的效果，来设计与服装相对应的灯光，并把对灯光的要求写在节目顺序表上，交给灯光师。

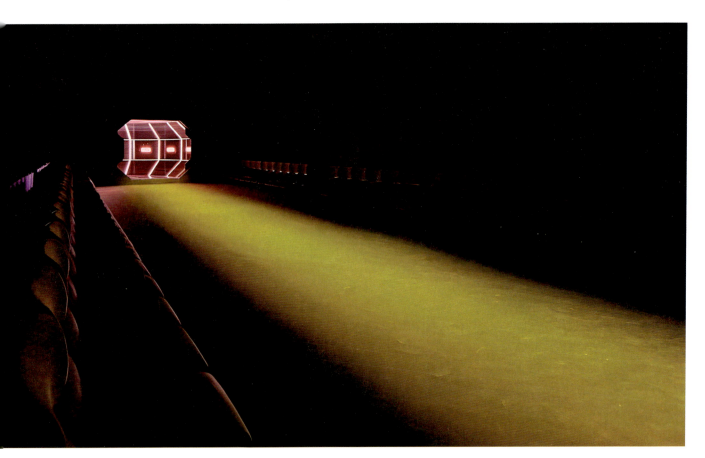

图5-79 普拉达2022年秋冬女装秀

PRADA

第六章

服装表演的组织与策划

第一节 服装表演组织策划的概念及基本原则

服装表演是一门综合性的艺术，既是服装文化的衍生行业，也是可以独立加以欣赏的艺术门类。服装表演经过几百年的沿革、发展，从"玩偶"式的服装人体模型，到商业活动中的专职模特表演，再到国际性的服装设计、模特的交流比赛，以及为满足人们审美情趣的文艺性表演，等等，已形成丰富多彩的表演形式。

一、服装表演组织与策划的概念

现代汉语中，策划的含义是对原有概念或事物的一种创新，运用现有的科技手段结合创新思维对现有资源的重新整合，为实现理想目标去分析并研究出一套合理可行的方案的一种思维活动。在日常生活当中，策划通常指对某件事情的计划安排，也是一种工作的名称。

服装表演策划就是对一场服装表演提前做出打算，构思好整个表演的流程，并根据类型和规模进行组织，做好各部门的协调与安排。因为活动需要投入大量人力和财力，而且会面临许多困难和挑战，所以需要计划好要达到怎样的预期效果和目的并做何手段实施，对此有一系列的设计和筹划。因此，组织工作是否严谨有序，决定了表演活动成功与否，优秀的服装表演的策划在主题上要具有创意，在表演环节设计上要具有新意，在策划整个表演的过程中要具有亮点。

服装表演的策划在整台表演活动中，是至关重要的。若组织一台设计师个人作品的服装发布会，这场服装表演的策划人常常是设计师本人，或由设计师聘请的专业服装表演的编导人员共同完成策划。因为服装设计师在整台发布会服装表演中涉及的事情太多，诸如：每件作品的试案、修改；案法的组合形式；调配服饰品、装饰物、道具；考虑模特妆型、发式；对整台服装表演的形式、基调、情绪、风格、特色等等的把握；整场演出完毕后的谢幕；等等。单凭一个人很难将所有的事务都考虑得十分周全，所以在大型服装表演中，有一些具体的表演编排、灯光调整、音乐选编、前后台管理、衔接等事务就需要聘请编导和内务管理人员，在总体表演方案的确定、规划的制定、进程实施的计划等方面进行引导性的、专业性的策划，以确保演出活动的顺利完成并保障演出的整体效果。

服装表演的策划工作是围绕时装创意和表现内容进行的，组织过程就是针对表演项目所开展的计划、决策、管理、协调、沟通和控制等内容所构成的过程。但表演格调、场地、模特、观众的范围等因素的变化性很大，因此，服装表演的策划、表演的形式还会受到设计师、主办者、演出规模、演出条件等方面的限制与影响，只有举办单位和参与表演制作的团队分工明确、联手合作，才能配合默契，各自发挥主观能动性。组织一场服装表演活动，应明确具体实施步骤，掌握每个步骤的核心要素，并保证活动按照步骤有序实施。

二、服装表演组织与策划的基本原则

（一）体现主旨鲜明的目的性

服装表演活动应该围绕整个表演组织机构的形象策略和表演主题而确立。服装表演活动策划从一开始，就要明确目标，这个目标会成为指引整个策划过程的航标，所有策划思想、方法和实施都要紧密围绕这个目标。当然在一个策划里面，也许不止一个目标，但必须要有侧重点。不同类型的服装表演活动，由于选择的目标不一样，在策划时表演内容、表演主题、表演形式等应根据活动目标确立。以赛事型服装表演活动来举例，模特大赛属于时尚活动，而选美比赛则属于社会活动。模特大赛考核的是选手表现作品的能力、对模特的身材要求是要适合国际服装表演的标准尺寸；而选美比赛考核的是选手的自我表现能力、语言表现能力、身材健康与否。2003年，新丝路中国模特大赛冠军肖青具有专业模特潜质，其身材比例、走台动作、乐感、服装演绎能力和镜前表现等都有较强的可塑性；而获得第五十三届世界小姐第3名和亚洲美皇后的关琦，作为中国小姐选拔赛选出的冠军，从才艺、学识、英语水平到应变能力都是选手中的佼佼者。

（二）体现广泛的社会传播性

服装表演活动本身就是一个传播媒介，不过这个传播媒介在大型活动没有组织之前是不发生传播作用的，一旦活动开展起来，活动本身吸引了公众与媒介的参与，就能产生良好的传播效果。因此，在表演活动进行的前期可以有计划地策划、组织、举办和利用具有新闻价值的活动，通过制造有热点新闻效应的事件，吸引媒体和社会公众的注意与兴趣，最终达到提高演出知名度、塑造活动良好形象的目的。一个表演活动只有永远与社会协调同步，才有可能在社会环境中树立起良好形象。

（三）体现科学严谨的操作性

表演活动是一项浩大的系统工程，涉及许多部门和环节，其综合性导致"牵一发而动全身"。大型的服装表演活动往往更应有严谨而缜密的可行性分析和科学严谨的操作性。此类活动基本都是现场表演，一旦出现失误就无法弥补了。在一些个案中，因为舞台装置问题而导致参演人员受伤的事例是不少的，任何疏漏都会影响整体效果。因此，服装表演活动的策划与实施的周密工作上，绝对不能掉以轻心，要在操作时综合分析，平衡协调诸因素，以保障实现目标。

（四）体现时尚的动态时效性

服装表演活动策划的特征之一是其动态性，或者说进行策划的过程是一个动态的过程，在这个过程中策划系统存在着许多变量，因此策划必须具有一定的灵活性和可控性。服装表演活动不仅是时尚的传播媒介，也是时尚潮流更新与发展的源动力。一台成功的服装表演活动的轰动效应是无法估量的。舞台上所表演的服装往往最能体现时装设计的最新潮流，成为人们关注的焦点，参演人员的形象包装及做派成为人们争相效仿的对象。因此要把握世界流行动态不断创新，及时调整策划战略，尽可能地调动观众观赏和参与的兴趣。

三、服装表演组织与策划的特点

（一）服装表演组织与策划是一种理性思维活动

策划是无形的，是对未来的一种构想。一个优秀的策划案依据策划者的创意性思维。思维活动的前提是对将来某种方案给予评价及达到目的过程中的各种相关活动，是策划者对于将来会产生某种影响因素的一种理性思维程序。

创意性思维就是打破固有的传统思维模式，创造出一种新颖的、独特的思维活动，也是策划过程中最重要的一个过程，是策划的基础，这是一种智慧创造行为。策划是人类特有的有意识、有目的的创造性思维活动。在艺术文化类服装表演的策划过程中，需要一种创新的创意性思维来达到最终呈现的意外收获。

（二）服装表演组织与策划是创新性与可操作性的统一

策划是一种决定，是在众多计划和方案中找出最佳的一个创意点子，是在选择的过程中做出的决定，而这个决定是至关重要的。在策划的过程中，会出现很多创新、有意思的想法，决策者也只能选择其中一种来决定最后的方案，根据实际的情况来选择，并做出最后的决定。每一个决定的背后，必然要决策者经过深思熟虑的思考，以及考虑在实施过程中是否能够具有可操作性，以做出最后的裁决。策划不仅需要创新性的思维，更需要可操作性，不能只想创意，要达到创新性与可操作性的统一。

达到策划创造性目的的前提下，策划不能违背现实性的原则，要根据现实中所能达到的目的而进行，不能过度地天马行空，也不能不切实际地随意遐想，要在现实所提供的条件的基础上进行策略谋划。要以现实科学的方法为基础，利用现实的各种资源进行整合创造，最后实现整合。例如在艺术文化类服装表演的策划过程中，也许对演出场地有很多的选择，在这个过程中就要结合演出的目的与内容及实际情况等进行选择合适的地点，以做出最后的决定。所以在策划的过程中，所做的每一个决定都是至关重要的。

（三）要有一个具体"做"的方案

"策划必须要结合各种资源，包括实物的、信息的、历史的、现实的进行分析整合，来设计出一套能够具体实施的、能够有效达到目的方案。"策划是一个行为过程，同时也是资源间的相互结合，检验资源能否在实际过程中应用的过程。无论什么策划，都需要有一定的目的性，通过策划达到自己想要达到的目标。策划是一个行为过程，是在不断行动的前提下继续进行的，也是资源配置的行为过程。目的性在一定程度上的量化过程就成为目标，达到预期的效果目标，就是策划的目的。

第二节　服装表演的整体策划与策划流程

一、服装表演的创意性策划思维

创意性思维是一种高级思维，它贯穿在整个策划的灵魂之中，是高级又复杂的思维活动。无论怎样的活动策划，都离不开创意性思维的运用，包括文学、音乐、美术等艺术领域都需要创意性思维，才能创造出有价值的作品。在一场服装表演的策划案中，创意性思维的方式方法有很多种，把具象的思维转化为形象的作品是一个重要的探索、转化过程。

（一）联想思维

联想是对已经表现的东西进行加工而产生的一种新的表象的思维过程。联想是创造性的思维过程，作为服装表演的创意者，应该具备这种思维，整场表演的演出需要策划者有创造性联想，把握宏观整体，将演出进行得顺利。一场成功的服装表演，需要通过服装的主题，联想出灯光、舞台、音乐等的制作方案，进而更形象地展示一场表演。这就需要联想思维，把思想上的内容转化为现实的表现。联想思维可以扩散于服装表演的各个要素和展示环节。音乐是服装表演中的灵魂，音乐对与模特的表现有直接的影响，包括对现场气氛的烘托，有情节展示的戏剧化服装表演更是需要音乐的衬托，达到音乐、服装、情感、人物的和谐统一。

（二）异向思维

通常人的思维都是顺势而行，而具有创意思维的策划者就应该具有异向思维能力，反其道而行之，不能按照常规进行，这样才会把事物做的新颖。不同寻常，才会突破常规，展示创新的一面。对于同一事物，用不同的视角、层次、方法去重新展开思考与评价，就是一种异向思维。在策划活动中，当每一个策划者都朝一个方向思考问题时，这个创意显然是没有新意的，如果能够从新的突破口出发，向相反的方向去思考问题，就会产生别开生面的创意，这样的策划一定是与

众不同的。在一场服装表演的策划中，服装表演的形式是可以加以创新应用的，可以和其他的演出形式作为结合并利用，比如舞台话剧的表演、舞蹈表演、乐器表演、歌唱表演等，它们之间有其相似而不同的地方，不同艺术之间的碰撞，也许可以出现更有趣的结合成果。

（三）系统重组

"对于杂乱无章的事物进行系统的整理，既是抽象思维的逻辑化过程，也是形象思维的归纳过程。"抽象思维是理论化的走向过程，形象思维是形象化的走向过程，它们的思维走向是雷同的。在杂乱无章的结构中，在各自的系统中，找出可遵循的规律，并加以有效的运用，重新组合成一个完美的整体表演。在服装表演的舞台设计者通过装置式的舞台布置，借助错置、分割、集合、叠加等手法对现成物品予以重新建构，放置于新的表演展示场所，并赋予其新的意义。为了更好地诠释设计理念，更多的服装设计师开始运用装置式的舞台，去营造与众不同的秀场氛围。然而对于展示具有传统文化元素的服饰文化来说，在服装表演的舞台设计中运用大型建筑或者带有极强传统文化元素特征的装置艺术，能够带来极强的视觉冲击力，加深人们的印象，而且这也是对于传统文化的一种传播形式。先是抽象思维的运用，再是形象思维的具体呈现结果，在不同的思维过程中，把各自不同的有效信息进行重新组合排列成一个整体，更是多元化信息的组合综合体，最后呈现一种完美效果。

二、服装表演的策划流程

面向观众进行动态展示表演是服装表演活动的显著特征，在这一过程中，怎么样才能把观众和媒体的关注度牢牢抓住，使活动影响力和知名度发挥到极致，从而持续发展文化产业，是举办活动的最终目的。因此，策划、管理和实施服装表演活动，应按照以下步骤进行：

（一）活动立项

（1）确立活动目标。服装表演活动的目标最终要体现在活动的社会、艺术和商业价值上，确立的目标反映着活动意义和期望值，策划管

理的目标的提出要满足文化市场的需要，符合观众的审美品位。

（2）进行表演活动信息的搜集。表演活动策划管理的基础是进行相关信息的搜集，因为必须要以相关的信息为依据确定策划目标。在策划管理服装表演活动时，要对搜集的相关信息进行准确把握和及时的加工处理，而且不能盲目地搜集信息，应依据活动目标、任务确定信息搜集的范围，同时必须要建立多层次、多角度、多类型和多渠道的信息网络。一般而言，应该从以下几个方面搜集信息：

第一，要搜集环境方面的信息，包括经济、政治、文化、历史等方面的策划系统外的信息，以及参演、受众、管理等方面的赛事活动策划系统内的信息。

第二，要搜集市场方面的信息，主要包括信息服务、文化、广告等市场方面的信息。

第三，要搜集观众需求和市场竞争方面的信息，而且收集到的这方面信息必须要可靠、及时，体现出系统性和连续性。

（3）开展活动的相关调查和可行性研究。进行服装表演活动调查的内容主要包括：在大型活动方面国家出台的有关政策和法规、公众对热点的关注、同类活动以往的相关资讯、举办场地状况和选择的时间等。而对活动进行可行性研究，是指预测、分析和评估策划目标达到的可能性、价值性、效益性和可靠性。

（4）进行活动的创意。首先是基本构想，基本构想在服装表演活动中主要涵盖3个方面：第一，选择的表演形式、推广的方法手段，要能够最大限度把参演者的潜质激发凸显出来；第二，要把策划的价值和定位明确下来，以凸显出活动的权威性、规范性和专业性；第三，一定要有前瞻性，尽最大可能地规避策划与管理的风险。

其次是赛事的选择策略。在策划管理服装表演活动时，一般可采用借势、取势和造势的策略。在运营活动时，要注意选择具有较高知名度、具有良好声誉的活动，以达到借其势而为我所用的目的。在此基础上，经过活动主办人、策划人的主观努力，创造出对自己有利的势能。服装表演活动在运作时要注意平衡好有序经营和商业炒作之间的关系，为了扩大活动的影响力，需要制造一些新闻轰动效应，但要合理、有限度；否则商业的过度炒作，势必要产生不良的负面影响。

（二）活动设计

（1）编制策划方案。首先要进行活动的文案编制工作。用文字和图表把整个活动的策划构思表述确定下来，一般情况下，活动方案需要涵盖以下几方面的内容：活动的名称、活动的主题、举办活动的目的和意义、活动组织的内容形式、活动的组织机构、活动的结构框架、活动的实施程序、活动的经费预算和效果预测。

（2）审定论证方案。编制完成活动策划方案以后，还要对方案进行科学的论证，并报请上级有关部门审核通过，论证和审定程序包括以下内容：分析目标系统、限制因素、潜在问题，评估活动的预期效果。

（三）时间制定

时间是整个服装表演活动策划过程中的关键，决定演出活动成功与否的关键。制定活动时间表也是非常重要的一项工作，主要包括以下三点：

（1）团队工作时间表。时间表应包括从接到活动项目时开始计划，内容涵盖前期工作的开展、场地考察、市场调研、设计初稿，确定方案等与演出活动相关的具体事宜。通常，一场服装表演活动应提前3个月开始着手各项工作。

（2）演出当日时间表。演出当日的时间表指表演当天与演出相关联的所有环节都应以时间表的形式进行最后的核查和准备。它包括舞台搭建的完工时间、模特到位的时间、服装的整理时间等，都要事无巨细地罗列在时间表中，以确保活动的顺利进行。

（3）演出活动流程表。演出活动的编排主要指在演出过程中的模特走台路线和时间、音乐时间、演出嘉宾的表演时间以及灯光的配合等内容。为了让服装表演更具有可观性，通常会在演出中插入一些舞蹈、演唱或其他的艺术形式，有时还会加入一些营造气氛的设计，如干冰、彩纸屑和冷焰火效果等。如何让这些元素合理自然地结合在一起，就需要演出活动的内容与时间结合，制定一个完整的演出活动的流程表，使演出内容变得紧凑，并降低风险出现的概率。

第三节　服装表演的组织程序

服装表演作为一种特殊的表演形式，有着它独立的组织程序。由于服装表演有着极强的目的性和较为特殊的观众，服装表演的组织程序的形式也就必然要与这些目的相适合，并为那些观众服务。服装表演的组织程序主要分为前期、中期、后期3大部分，而其中的每一部分的分工任务各不相同，从而构成了一个完整、严密的时装表演组织程序。

一、前期组织

服装表演的前期组织是在形成整台演出之前，这个阶段主要以编导者的构思为主，同时还要确定表演的主题，制定预算计划及选择出相应服装，其中最为重要的是在这一过程中还要明确整台演出的表现形式。对于音乐的选编、舞台调度及解说词的撰写在这一阶段中也要做相应的准备工作。

（一）确定表演的主题和命名

服装表演的创作者，往往通过一场服装表演来表达出一种自己的思想感受，这种思想感受也就是服装表演的主题，这主题常体现了表演服装的美感特点、时尚特征以及商业特性。

服装表演的主题来源非常广泛，如当今流行主题、表演所处的季节、表演所在的节日、精彩的乐曲名称、艺术名词的借鉴、表演所在的地点、巡回演出的目的、流行色彩演绎的目的等，都可以被巧妙地利用起来写入主题中。

但是无论主题的美感来源于何种思想，其主要的表述还是通过表现服装来表达的。所以服装本身才是表演主题的真正精神源泉，而编导者对所要展示服装的认识与理解，对时装表演主题的确定就显得非常必要了。

每一套服装都有其内在的思想情绪，只有充分地了解这种思想情绪，设定的表演主题才能最好地展示服装。因此，与要展示的服装的设计师进行有效的沟通，是认识服装内涵的最直接的途径。

当然，服装表演主题的确定，在实践中往往呈现出不同的情况。既便在主题事先确定的情况下，与设计师的沟通也是十分必要的，因为这种事先确定的主题，常是些较为抽象的和比较概念化的，它们主要起确定表演方向的作用，而那些具体的内容则需通过服装本身来表述，使得编导与服装设计者的沟通既是必然的也是必要的。

服装表演的主题除了要表达与服装设计师沟通后所了解的设计理念外，还要注意相应的时尚特征、地域特征以及某些商业宣传方向特性的表达。总之，服装表演的主题贯穿整个服装表演的组织过程，明确、全面的主题往往就是表演服装的选择、搭配、舞台制作艺术、编排艺术等的发挥的支撑点。

确定好主题之后，接下来便要根据主题命名了。服装表演的命名是对主题的提炼、概括，其浓缩了主题所要表达的思想，具有强烈的艺术包装效果，含意隽永的命名往往能给观众留下极深的印象。而且引人回味的命名也是时装表演水平的第一代言。

服装表演的命名，一般要求用词新颖，独特的命名在初听到时就会使人产生相应的联想和感受。同时，我们也应注意用词不可过于生僻，应以易懂、易记为宗旨。

（二）制定经费预算

服装表演的运作必须以一定的经费为基础，在组织表演前应确定全部费用的数额，而预算就十分必要了。

服装表演的种类非常繁多，水平也各有高低。法国高级女装界的高级女装发布会，就与一家平凡的中档百货商店的成衣促销展的经费预算截然不同。因此，编导者就必须依据服装表演的水平及其针对的消费群体来决定预算的基准。在确定了服装表演的规模和希望达到的标准后，可以依其具体的项目进行筹备，这些项目往往涉及相当广，除了场地的租赁、舞台的搭建、音乐制作费、灯光制作费、模特出场费、编导与排练费、主持人费、服饰道具租借费、化妆发型制作费等基本制作费用外，还有前后台工作人员的劳务费（指穿衣工、舞台监督、保安等）、运输费、排练演出时的餐饮费、广告费（包括印发入场券等）、来宾的礼品费以及有关税款也要包括在内。

以上所述的各种费用，又会由于表演的种类

不同而有所不同，因此在制定预算时应当适当地留有余地，以防止在制作中出现突如其来的费用时无法筹措。

（三）服装的选择、归类

无论哪种类型的服装表演，服装都是一台演出的主体表现对象，对表演服装的选择将直接影响整台演出的质量。

在服装表演中，用于表演的服装一般都由参加演出的制衣企业、主办表演活动的社团以及独立的设计师提供，所以编导者只能在有限的范围内进行选择，而这就更要求编导者具有极高的鉴赏能力，在选择服装时必须符合一定的主题，与表演的性质、形式密切地联系在一起。不同性质、形式的表演对服装选择方向的要求也是不同的，如商业性较浓的服装表演，在选择服装时要考虑其特殊的促销目的，这一类的服装往往更加注重与观众的切实联系，自然要涉及观众的消费层次、年龄等具体问题。除此之外，还不能忽视服装演出的时尚要求，在保证表演服装的实用性基础上，还要具有一定的时效性，用以向观看者传达出一定的流行信息，而这也是保证时装表演可观性的必要条件。如果时装表演是为某一确定品牌做发布时，就需注意该品牌的形象，以达到最佳的宣传效果；至于表演性较强的服装展示，在服装的选择上则更加注重服装的艺术性，这一类的服装表演往往要营造出某种气氛来达到将观众带入时装的艺术世界中的目的，因此要尽可能选择一些款式别致、色彩鲜明、造型夸张的服装，它们都具有极强的艺术性和鲜明的风格特征。还有一类较为特殊的服装表演—— 模特人赛中的服装表演，这种表演中的服装成为了测试模特的工具，所以一般会选择那些突出模特体形，在风格上又大相径庭的服装，而这主要是为了可以直观地了解模特的体形以及模特对着装的领悟力、表现力。

选择表演服装，除了要注意表演的主题之外，服装本身的质量、数量直接影响到整台演出的效果。一般来说，服装表演中的服装不但要构思新颖，在服装的质量上也应十分精良。由于服装的经济价值与它的观赏价值相关，因此做工粗糙、品质低劣、构思陈旧的服装往往会令观赏者感到平庸、乏味，从而失去吸引力，使整个演出失去意义。

除此之外，表演服装的数量也会影响演出的质量。如果服装件数过少，而表演时间过长，则会使整台演出显得空洞无物，观众也会产生乏味、无聊的感觉；反之，服装件数过多，而表演时间过短，也会使整台演出显得缺乏重点，给观众带来疲惫、倦怠的心理感受。一般说来，演出服装的套数要与演出时间配合恰当，通常发布会的展演中，40～60套服装的演出需10～15 min时间；60～80套服装的演出时间为20～30 min；80～100套服装的演出的服装则为30～40 min，当然如果是大型的艺术性时装表演的服装，往往有百余套之多，在时间上则须做出相应的延长。

在选择表演服装的同时，编导者同时要对配饰及道具做出选择。配饰与道具如果和服装配合得当，则会增强服装的层次感和可视性，模特们在舞台上对服装的表现能力也可得到相应的拓展。

（四）表现形式

在服装表演的创作过程中，我们常会把主题比作头脑，而表现形式自然就是那个被我们称作骨架的东西了，一台服装表演的表现形式往往可代表这场演出的风格特点，不同的表现形式常是产生不同表现效果的根本原因。

在大型主题性时装表演中，我们常会借鉴戏剧中的结构方式，把服装表演分为序幕、开场、发展、高潮、结尾这5个部分。这种五部式表现形式是一种开放的结构方式，它是按照人们的欣赏习惯和心理习惯逐渐将演出推向高潮的，一般在序幕中会安排演出人员的自我介绍、演出主题的介绍、服装设计师的介绍等；到"开场"时演出就正式开始了，这时一般会选择演出一些最能体现主题的服装，以达到先声夺人的目地；而后的"发展"则是整个演出的主要部分；"高潮"部分表现的服装则是一些节奏明快、色彩亮丽、特性突出的服装；最后的结尾部分常展示出一些可以起画龙点睛作用的服装，来再次强调主题，给观众留下深刻的印象。这种演出开始就主题明确、开宗明意，中间部分逐渐引入，内容饱满而结尾又刚劲有力、余味无穷。节奏、情绪上由慢而快，由浅而深的结构方式在表演中具有极强的和谐性和统一性，所以这种五部式的表现形式也就成为了一种最为完整的表演结构衔接方式。

除此之外，在一些小型的演出中，我们还可

以借鉴音乐艺术中的三部曲式（如A、B、A`的形式）。把整台演出归结为3个大段落。A、B段落，情绪和节奏上一般会形成较鲜明的对比，如A部分选用一些色彩、款式较为活泼奔放的服装系列；而B部分则选择较为优雅的服装系列，以此形成强烈的对比；A`部分则是A部分的重现，在情绪上一般更加激烈、活跃，以达到突出主题、加深印象的演出效果。这3个具有鲜明对比的段落，使整台演出松紧相宜，富于层次感和节奏感，是极具感染力、冲击力的一种结构形成。

在服装表演中，有时也会出现多主题的形式。这样的表演，往往在主题各自独立的基础上贯穿一种总的表演精神，此时每个表演主题实际上是一个小的表演段落，分主题中的结构方式往往是平行而独立的，而分主题中的内容则会采取各不相同的构造形式。

但无论我们采取何种结构形式，在服装表演中，节奏是非常重要的特性，一台时装表演成功与否，常常取决于表演的节奏安排，它常体现在服装的组合方式和服装系列的段落表演时间长短方面。在服装的组合方式中我们可采用对比和逐渐过渡这2种方式：对比的手法是一种以表演服装系列间的色彩对比、风格对比为基础，以舞台美术与服装之间的对比关系为辅助手段，在表演时产生强烈的节奏感和视觉冲击力的组合方式；逐渐过渡法则与对比法正好相反，它是以表演服装系列间情绪平缓过渡为主要表演方式的组合，这样的组合服装系列间的衔接较为舒展流畅，使观众的情绪在不知不觉中，自然过渡。

除此之外，系列服装的表演时间的长短变化也会带来表演节奏的改变。通常，主要的服装系列表演时间较长，而次要些的服装系列则会采用较快的速度进行展示。同样的，表演中的音乐节奏的变化也可以引起整场演出的节奏变化。然而，无论节奏变幻如何丰富，整台表演的表现形式依然要遵守和谐、完整的创作概念，只有在表现形式统一的基础上对不同因素的节奏变化进行巧妙、合理地安排，才会使整台演出达到跌荡起伏、充满动感、主次分明、重点突出的展示效果。

（五）音乐选编

随着服装表演形式的多样化发展，关于表演中音乐的选择，也越来越多元化。在一些为了体现某种前卫的，具有戏剧效果的服装展示中，音乐并不像我们想象中的那样与服装相契合，偶然的离经叛道的音乐选择也会使服装表演产生一种特殊的奇异效果。但无论怎样，从总体上来讲表演音乐的选择总是要符合整体的表演主题，为所要展示的服装服务，本末倒置的音乐选择是不可取的。

1. 音乐选择在服装表演中的重要性

服装表演与音乐艺术的关系犹如舞蹈与音乐的联合，这是一种天然的、不可分割的同盟，因为节奏是两者的共同根本要素。音乐是一门古老的声音艺术，它有着科学和完整的理论与实践体系，因而也有着非常丰富的素材和内容。服装文化是一种最为人性化、国际化的艺术表现形式，它经历了百年的演变与发展，目前已发展成为一个专业化、科学化、多元化、系统化的艺术门类。"服装表演音乐"是音乐与服装表演的结合而产生的，是服装这门综合性艺术的重要组成部分。

服装表演离不开音乐，这也是服装表演本身对声音本能的需要。但是，二者的结合不应是生硬的拼凑和填充，而应是有机的融合。简单地说，就是配合并协助服装表演在整个展示过程中，具有烘托气氛、表达情绪、揭示服装作品的主题等积极作用。服装表演音乐是指专为服装表演创作或选配的音乐，是以服装的主题思想及服装表演的意图编辑而成的音乐。它能形成一定的音乐形象，从各个角度刻画服装主题形象，便于服装主题形象的确立，便于观众对服装主题的理解，使观众真正地感受到服装表演带来的视听美感。

2. 服装表演中的音乐选择

任何一个服装展示的组织者，都会极认真地挑选每组系列服装的表演音乐，其目的有两个：

第一，借助音乐的意境感和表现力、想象力，限制观众的想象范围，引导观众欣赏的思路，启发观众对服装设计的理解与联想。

第二，利用音乐的旋律感表示服装内在的韵味，同时也使模特更准确地把握服装的内涵，表现服装动态时的韵律。

总之，没有音乐就无法更好地表演或欣赏服装，有了音乐，挑选音乐的水平和制作音乐的能力，又直接关系到演出的效果甚至成败。所以，导演对音乐的挑选过程就是对服装效果的再创作，就是在对模特表演的基调提出特殊要求。

为了达到服装表演的目的，首先要确定服

装表演的基调。什么是表演基调呢？表演基调就是表演服装角色与个性的神、形的基本定位，就像音乐中的主旋律。有了主旋律，才能根据需要选择各种配器和音响效果。因此，根据服装确定神、形的意境，是导演挑选音乐的重要依据，也是模特表演的重要依据。如果看不到服装的照片或效果图，单凭形容、介绍，是绝对把握不准其感觉上的微妙差别的。

实践证明，音乐对服装的展示及导演把握表演的基调很重要，对模特的表演也同样非常重要。模特在全身心完全投入到表演时，对音乐和表演这两者的把握，应该是在似有似无的朦胧印象里，音乐的旋律感占1/3，展示与交流的意识占2/3。也就是说，模特在表演中，不能总想一些重要环节的要领，这样会使其动作或神态在这些环节上由于分心而神离，模特的主要任务是展示与交流，即必须把对服装的理解和着装的感觉表达给观众，同时要将这种感觉融入音乐的意境中，使动作充满旋律感。音乐节奏的快慢直接影响着模特展示的步调节奏，把音乐准确地形体化是模特音乐训练的重点，学会台步是很容易的，但要在音乐意境里准确地运用形体语言表演，还需要培养自己的艺术灵感，提升自己的音乐修养。模特通向成功的捷径可以有千万条，但加强音乐修养是必经之路。

3. 音乐编辑在服装表演中呈现的效果

服装表演中，编辑过的音乐呈现的效果是多方面的，其作用是其他服装表演的元素无法替代的。悦耳动听的音乐可帮助和引导表演者和欣赏者引起共鸣。在表演中烘托气氛，突出不同服装的特点，对模特塑造艺术形象起增强色彩作用。"维密秀"可以说是将歌曲跟现场走秀结合起来的典范，他们邀请各大知名歌星加盟维密秀的表演。2017年"维密"现场张靓颖为PINK系列献唱，引起了很大的反响。

音乐起源于劳动时人类带有情感性的自然呼声，音乐的一种本能是声音现象的审美升华。悦耳动听的音乐可帮助和引导表演者和欣赏者引起共鸣，正是音乐倾向性功能的一种体现。

服装表演中，音乐欣赏的过程同普通的音乐欣赏过程一样，都是多种心理因素的综合运动过程。虽然在服装表演的音乐欣赏活动中，由于各人美学观点、欣赏习惯的不同，各种心理因素的运用情况可能是各不相同的。然而，从音乐欣赏的总体以及音乐审美的客观需要来说，多种心理因素的综合运动却是基本的，对于完美的音乐欣赏来说，是必不可少的。但多种心理因素的综合运动的结果必会引起服装表演者和服装表演的欣赏者情感上的共鸣。

如古驰2018秋冬系列时装秀，以手术台为背景，以心率仪的声音开场，使全场感觉到压抑；然后加入了电话的声音，但是电话一直未接通，营造一种焦虑感，使全场氛围笼罩在一片阴影之中；后面接女声吟唱，仿佛在吟唱悼词，使人心情久久难以平复（图6-1）。这就是音乐调节情绪的典型案例。

在服装表演中，处于中心地位的是服装，但离不开其他元素的陪衬和铺垫。如音乐、舞蹈、灯光等。音乐艺术的加入在表演中烘托了现场气氛，让这种气氛萦绕表演的各个环节，使人一直处于服装表演的氛围当中。音乐风格的不同又突出了不同服装的特点，对模特塑造不同的艺术形象、表现不同风格的服装，起到了增强色彩的作用，从而实现音乐风格与服装风格的统一，完善服装设计的整体形象。一般来说，服装表演编导者在选择表演音乐时，应注意所选乐曲的表现形式要与服装的表现内容相协调。通常，我们会用优雅、舒缓的音乐去表现礼服等高贵、正式的服饰，而一些电子音乐、摇滚乐则被用来表现具有极强的时代特征的前卫服装。

音乐的节奏决定着服装演模特的走步和表演。音乐的节奏宽松，服装表演模特的走步和舞步就相对慢一些，音乐的节奏紧凑，服装表演模

图6-1　古驰2018秋冬系列时装秀

特的走步和舞步就相对快一些。音乐的节奏对服装表演的整体节奏起着决定性的作用，影响着服装表演的质量和效果。恰当的音乐节奏是选择服装表演音乐时必须考虑的问题。音乐的节奏性与延伸感也应是选择的必要条件，由于服装表演是一个动态展示过程，音乐节拍组合的快慢也就直接影响到模特的展演情况：2/4拍是强弱交替的节奏，这样节拍明快、有力、较适于表演；3/4拍节奏比较轻松、自由、适于旋转、定位……总之，选择如何种节拍的音乐要依照具体情况来决定。

服装表演中的音乐可以填补表演中的空隙，避免表演衔接不佳造成的冷场。如果在没表演完时音乐就结束了，那将是一种很尴尬的情形。所以，服装表演的音乐安排宁可稍长一些。2首乐曲的衔接要紧密自然，音乐的衔接与服装表演的节奏一致。连贯、自然、流畅的背景音乐能大大提升服装表演的整体效果。

（六）舞台调度与编排创意

舞台调度，又名场面调度，来源于法文Mise-En-Scene，意为"摆在适当的位置"或"放在场景中"，现在泛指导演对演员在舞台上表演活动的位置所进行的艺术处理。时装表演是以模特为展示手段的表演艺术，因此，舞台调度就显得非常重要了，编导者通常要解决模特的占位问题，并通过合理的调度创造出理想的形式美，使服装的造型表现力发挥到最大限度。

在表达服装表演舞台调度时，模特的位置是十分重要的，服装表演的编导者常常会使用表演路线图作为演出的初始依据。路线图中往往会使用不同的标记来表示演出状况（图6-2）。

服装表演编导者所进行的编排创意主要以纵向调度即模特由前向后或由后向前走动变换位置，这样的纵向调度给人以简洁、明了的感觉。当人数较多时，纵向调度更会给人一种势不可挡的视觉效果。具体的纵向调度可分为单向往返（图6-3）、二龙吐珠（图6-4）、二龙缩须（图6-5）、竖排散花（图6-6）等多种形式。

横向调度，指模特相对舞台中心由左向右或由右向左进行位置的变换。横向调度常给人自如、开阔之感，整齐而有序，适用于旗袍或运动装的展示，一般的横向调度可分为穿插、合并、龙摆尾等。斜向调度，指模特由左前向

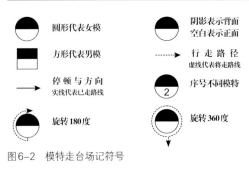

图6-2　模特走台场记符号

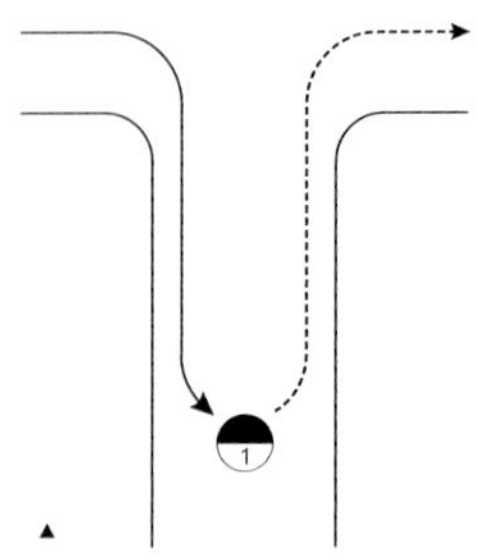

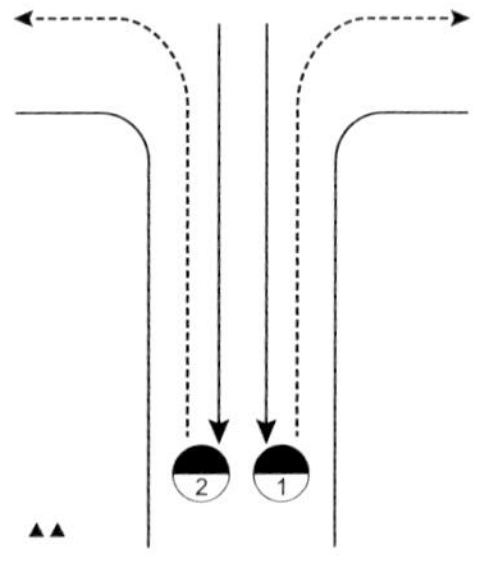

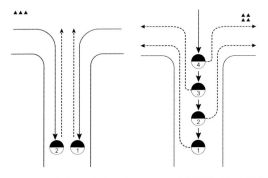

图6-3　单向往返的舞台调度　图6-4　二龙吐珠的舞台调度

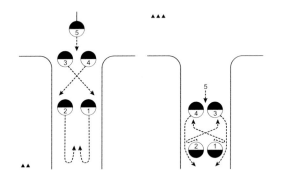

图6-5　二龙缩须的舞台调度　图6-6　竖排散花的舞台调度

图6-7　穿插合并的舞台调度　图6-8　形式多样的曲线调度

右后或由左后向右前方斜向变换位置和方向。斜向调度给人一种不平衡、不稳定的运动感，具有较强的流动性，一般分为聚、散、十字交错等形式（图6-7）。曲线调度指模特的运动方向和位置变化按曲线进行，这也是一种最常见

·服装表演概论·

的调度方式。它流畅而多变，跳跃而活泼，将这种方式作为行进路线会令人产生轻松愉快的感受（图6-8）。环形调度指模特做环形走动变化位置和方向，这是一种较为特殊的调度形式，它需要有特定的舞台形式，所表现的服装也有较为特殊的性质。

除上述舞台调度外，还有上下调度，即模特由高处向低处或低处向高处走动变化位置，此种调度多利用舞台台阶和平台完成。

舞台调度使模特的行走方向、位置发生了变化，自然使表演服装也由静而动地充满了生命的意趣。不但如此，模特走位的变化还可以使不同角度、距离的观众都可以欣赏到展示的服装，另外，不同形式的舞台调度所产生的舞台气氛也是不同的。例如，表现活力四射的运动装的时候，常让模特同时做无规则调度或将几种不同形式的调度交替进行，通过这样的模特运动，整个舞台都会形成一种跃动的气氛，从而使服装表演达到其应有的效果。

（七）解说词的撰写及表现形式

解说词是从旁说明表演内容和思想意义的语言形式，解说词的运用会增强服装形象的说服力和感染力，并把表演中的一些不容易体现的信息通过语言文字表达出来，使得设计意图得到更加明确的展示。如在服装发布会上，观众对于某些面料特殊之处是不易用肉眼分辨的，即可通过解说词来说明服装面料的特点，而流行导向性的表演则可以更加明确地说一些有关服装设计中的色彩、款式的流行信息；在艺术性的表演中，解说词则用来作为烘托主题，成为观众融于服装所要传达的艺术境界中的媒介。因此，解说词的运用不但增加了服装表演传达的信息量，更加深了观众对服装款式、面料结构以及流行趋势的认识。此外，解说词还可以更好地衔接表演的结构顺序，服装表演的过程中，服装款式和风格的多样性，往往造成了某些结构环节上的强烈对比，而解说词的运用常可减缓观众情绪变化上的突兀感，使观众在解说词的引导下很自然地融入另一个表演情境中。

解说词的撰写形式，在篇幅上要求短小精妙，在内容上要求依据相应的表演目的和需求进行撰写，同时要注重立意新颖、层次分明。而在

文字方面，除了要求用词生动外，还要注意人们的听觉习惯，一般要做到简洁易懂、停顿适度。

解说词在表达时通常是由解说员来完成的，这时解说员也就成为了舞台上的导演。一般来说，解说员通常是由一些外形亮丽，具有很强的表达能力，熟悉时装表演过程，对服装有一定的专业知识的人担当。有时也会采用录音、投影等方式来代替解说员表达解说词。

二、中期组织

一场时装表演在经过慎密的构思后，接下来就需要具体实施。在这部分中，要介绍各部门之间的合作过程，包括参演人员的选择、创意实施、妆型设计以及广告宣传等。

（一）挑选模特

模特是整个服装表演的载体，她们是设计师与消费者之间的桥梁，一场服装表演是否成功很大程度上取决于模特的选择。模特的气质是否与整台表演风格相符，模特的体形是否符合要求，模特对所要表演的时装理解是否恰当，都会直接影响演出效果。

前面已介绍了模特的种类和时装模特的选择，现在要重点介绍的是如何选择那些更加符合我们要展示的服装的模特以及模特数量的问题。

正如我们平时的穿着一样，穿礼服和穿便装给人两种截然不同的心理感受，模特作为衣着的代表，其自身的气质会直接影响到演出效果的，选取那些与演示服装气质相近的模特是表演中挑选模特的第一步。

如我们所知的，气质是一个十分个人化的风格代表。在日常生活中，一颦一笑、举手投足都会不自觉的流露出个人气质的痕迹，前面也曾提到过服装表演不仅是展示孤立的服装本身，更重要的是表达一种着装气氛，将一种情景式的感觉传递给观众。所以，选择与所展示服装具有近似气质感觉的模特，才会使表演生动、自然，从而更能吸引观众，达到完美的演出效果。

挑选模特时，除了要注重模特的气质外，也要注意不同的时装对模特局部体形的要求也是不同的。如果表演中短裙出现较多时，对模特腿型要求就会更加严格，而在泳装、沙滩装和内衣的

展示中，对于模特三围的要求就会更加严格。

鉴于以上原因，虽然在模特选择时多由经纪公司进行推荐，但更重要的是面试的环节。在此环节，编导者或服装设计师本人可以直接对模特进行观察、选拔，至于选用模特的数量则要依据表演服装的数量而定。

最后，当我们选定模特后，应给她们编上号码，为下一步的分配和试衣工作做好准备。

（二）分配与试穿衣服

虽然在挑选模特时，我们已经依据服装的基本尺寸来选择，但是服装的某些细节部位，依然会和模特的身形存在着差异，因此分配和试穿服装是必不可少的工作。

1.分配服装

在分配服装时，通常采用平均分配法，这是一种常见于发布会时装表演和商业促销性时装表演的分配方法，其基本程序是对服装进行出场顺序的编号，然后按照模特的号码进行依次分配。以此类推下去，这种平均分配的方法使模特有较充裕的换装时间，在表演和换装的时间安排上显得有条不紊。试装过程中，设计师、造型师要根据每个模特不同的特点来分配衣服和及时调整。

在系列服装展示中，也可进行平均分配，如1～6号模特表演第一系列；7～11号则将为第二系列的表演服务。但由于是平均分配，会使一些表演服装的风格不能得到最好的展示，所以在强调服装个性的专场演出或其他类型的演出中，服装分配是按重点来进行分配的。模特的身体条件、表演技巧和个人气质是分配的主要依据。这种分配可以使服装的特色得到充分展示，但是这样所需的模特人数将会比较多，所以一般在采取这样的分配时，会将模特先分组，每组的人数大于所要表演的系列的服装套数，这样就可以将在小范围内进行调整配置，如将所选模特分成3组，每组8人，而演出服装中最多套数为6套，这样就可以在每组中选择较为合适的6人来表演。当然，无论采取何种分配形式，模特与服装的统一、适度是最为重要的原则，只有这样才能保证演出的质量。

2.试穿服装

在进行过适当的分配工作后，接下来就是试穿服装，在这一部分中要解决的是修整、整理的工作。专场秀时，这也是设计师最后完成创意的时刻，对于服装本身来说，做工是否符合要求，是否合模特体形结合完美，局部细节是否还需改动……一系列问题都需在这时解决和修正。

在演出服装修改完毕，并被确实地分配得当后，服装管理人员就要为它们进行编号，并列出相应的试衣单（表6-1）。

表6-1　系列服装展示相关记录表

服装出场序	系列名称	服装件数	表演人员	备注
10	春之舞	6-6-1	4号模特	配饰： 其他： 修改部位：
11	无题	5-1-2	5号模特	

如上表所示，春之舞系列服装的出场顺序是10，本套列的总套数为6，该次出场的是第6套，由1件组成，其后是表演模特及有关事项。

当模特对其表演的服装较为熟悉时，也可以采取一种较为简易的编号法，即按照服装出场顺序进行编号。

试装过程中必须进行拍照记录，以方便制作出场脚本，出场脚本是由时装模特的照片排列的出场顺序，脚本可以比较直观地看到整场演出的服装和模特，脚本被提供给编导、舞台监督、后台催场、音乐编辑、灯光控制等相关前后台工作人员使用（图6-9）。

图6-9　分配试装环节

·服装表演概论·

试装场地的布局以及需要准备的物品在模特试装之前都需要准备好。试装的功能区域一般分为：模特等候区、时装前服装存放区、配饰和鞋的摆放区、试装后服装挂放区、试装拍照区、导演组工作区等。试装需要准备的基本工具及物料有带轮子的龙门架、服装衣架、鞋袋、配饰袋子、穿衣镜、数码照相机、吊牌、参演模特的照片、试装辅助KT板、试装袍、长条桌椅、马克笔、胶带等。

（三）表演的妆型设计

时装表演中，为了达到服装整体气氛的和谐，妆型的设计是十分重要的。之后的章节将详尽地描述具体的化妆方法和妆型种类，因此在此只是简要介绍一下妆型与演出服装的配合关系。

如同模特和服装的关系一样，和谐、统一也是妆型选择的中心原则，良好的妆型选择应对演出产生协调的美感，起到画龙点睛的作用，如前文一再强调的服装表演是一种气氛演示，它带给观者的不仅是服装的本身，更是一种着装理念。正因如此，妆型成为了服装表现不可分割的部分，也成为表现服装的另一种色彩辅助语言。

在一台大型的服装表演中，模特的妆型可有二三种不同的色调和总体感觉上的变化，以此来配合不同类型的服装，如在一次香港理工大学制衣系举办的时装展示会上，编导者根据不同的舞台效果，将模特的妆型、发型分成了不同风格的3组。第一组运用了大量浅色粉底、银色金色的眼影，唇膏选用珠光色，发型则选择了修剪齐整的短发，以适于表现一般款式的服装；第二组则选用高透明度的粉底，绿、黄、红等色泽鲜丽的眼影，唇膏也选用较为鲜亮的朱红色，并添加了亮质唇彩作为亮点，发型的选择则换成了彩色染发式的蓬松造型，而这则是为了配合比较前卫的一组服装展示；第三组底色采用了鲜亮、透明的粉底，眼影以黑色棕色自然晕染，眼线加长突出了浓密的睫毛，唇形圆润，并选用了玫瑰色的唇膏。发型则是20世纪20—30年代的复古造型，卷曲而线条流畅，并点缀以闪亮的小发饰，目的是配合那组女性味浓郁的服装。

由此可见，不同风格的服装需要不同风格的发型、妆型来衬托，而不同的发型和妆型又是以服装、场合和表演目的为基础进行创作的。所以

要想组织一台生动成功的表演，必须很好地将服装与妆型、服装与发型协调起来，让它们共同创造出引领时尚的T台流行。

（四）编排创意实施

在结束了挑选模特、分配与试衣以及妆型的确定后，接下来就要进入实施编排创意的环节了，前面的部分已介绍过舞台调度与编排创意，现在将具体分析它们的实施过程。

服装表演编排创意的实施，通常也可将其称作服装表演排练中的初排。在这里，要结合上面介绍过的编排创意与表演的舞台形式进行具体的设计，一般的发布形式和商业性展示，表演行走路线尽可能要求简洁。而一些艺术性较强的表演则要求编排创意丰富而多变一些。时装表演编导者可预先根据服装系列、套数制定几种不同的行走路线图：如五人行走图三张，四人行走图两张等。这样在编排过程中，只需依照服装的套数采用不同的方案，这是一种较为简单的设计方式，模特们只需记住几种常规的表演路线即可。但是这样的行走路线图设计较为笼统，无法满足一些特殊的表演要求.如果有特殊要求，编导者可以按服装出场顺序，逐一地进行设置。这样的编排非常细致，但工作量较大，一般情况下会将两种编排方法结合起来，并在一些特殊的系列中采用专门的编排。

编导者在制作好行走路线图后，要给每位参演模特各一份，并进行实地排练。在排练中，模特应注意编导者设计的行走路线、服装出场顺序以及一些特殊的表演动作做适当的记录，以便记忆。这时编导者的工作就是帮助模特掌握行走路线、确定舞台站位、熟悉舞台环境、明确出场顺序等基本问题。

（五）修改、完善工作

当完成了编排创意的实施工作后，舞台的基本演出形式就确立了。接下来编导者需要完成的就是修改、完善的工作。

由于进行过无乐初排，编导者头脑中的计划已由模特做出了具体展示，自然地会出现一些原来料想中未能详尽的疏忽处，那么在正式的合成前编导者应及时对所发生的状况进行调整，如模特的站位、相互之间的距离、特殊的造型动作

等。模特的舞台构型与场景的关系、模特的走路姿态、舞台饰品道具的运用、上下场的衔接变化等都在被调整之列。

除此之外，编导还要向模特分析服装、介绍设计意图。以帮助模特理解服装，启发模特对所要表演的服装的想象力和创造力，以完善整场演出的准备工作。

此时，一场表演已初具雏形，演出的线索也已明确了，因此在深入了解了演出的概貌后，以后的演出行进方向已基本展示在观众眼前了。

（六）广告宣传行为

在进行时装展示演出排演计划的同时，还需注意运用相应的广告形式进行宣传活动，广告具有多种表现形式，如电视广告、报纸广告等。策划者应考虑到广告形式具体的宣传效应及资金运行等多方面的因素，选择合适而有效的宣传方式。

时装表演中，常用的宣传品有广告招贴画、请柬、门票、节目单、演出纪念品等。

1.广告招贴画设计

广告招贴画的构成元素是文字和视觉形象，由于它的画幅远远超过报纸广告和杂志广告，所以更加引人注意。同时广告招贴画的表现手法更为自由，绘画、文字、摄影、漫画等手法均可以使用。所以，在设计时装表演的广告招贴时应充分利用广告招贴的这些特性。

优秀的广告招贴，应在观看第一眼时就能吸引观者的注意力，使他们对广告招贴所要表达的内容产生兴趣，在看过之后会对它产生深刻的印象。时装表演的广告招贴更应该注意这些，一张成功的时装表演广告招贴应将表演主题浓缩在招贴之中，使招贴不仅是一件单一的宣传品，同时也成为表演精神的一部分。使观众看见之后，立即对表演产生向往。

2.请柬设计

观众若收到一封制作精美、设计别致新颖的请柬，一定会感受到请柬中传达出的演出气氛。因此在设计时装表演的请柬时，应注重它所代表的情绪因素，在设计中尽可能地突出演出的特性，一些品牌的展示秀，往往还会在请柬上印上公司的标志，这样公司形象也就随着请柬一起传达给了接受者，从而使一张请柬实现多重的目的。

3.宣传册设计

在进行表演宣传时，组织者也会制作一些与演出有关的宣传册、节目单以及一些极具特色的纪念品和纸袋等，这些也可作为服装表演广告宣传的手段。作为这些广告宣传的素材，展示服装的拍照也是在这时完成的，演出中的特色服装、相关信息的资料照片，都可作为宣传的基本内容。

4.门票设计

门票也是服装表演策划的一部分。往往从小小的一张门票，可以看出整场发布会的主旨、风格、品位，因此对它的设计是不可怠慢的。同时在设计时应注意到门票、请柬、招贴、纸袋、画册等宣传品的设计在风格上应力求统一，以便准确传达演出的信息和内容。

三、后期组织

在经过了前期组织和中期组织后，则是服装表演的最后阶段，也就是彩排和演出的部分。

（一）舞台合成

当模特对自己的表演路线十分清晰，并开始将自己与服装联系在一起，达到熟练地运用肢体语言与表述服装的状态时，编导就应组织各部门准备进行合成工作了。

舞台的合成工作，需要舞台演出中各部门的共同合作来完成。如灯光师根据设计完毕的舞台构思去布置光效，音响师将所要求的曲目顺序进行编曲合成，舞美则应将背景、服装等一些舞台硬件设备都安置得当。而以上的所有工作的目标则在于创造出服装展示清晰、模特行走路线规定明确、整台演出结构衔接流畅、节奏富于变化的时装展示效果。

舞台合成阶段虽不是正式演出，但由于其涉及的工作人员已基本完备，所以合成效果的好坏也就直接影响到整台演出的效果，其中需要强调的是模特的走台和走光。走台是指演员在熟悉台面后，对其从头到尾的表演的调度、画面的位置固定下来，同时检查场景与表演构图是否协调。而走光是灯光设计与服装表演结合的实践过程，随服装的变化，灯光被固定下来，同时灯光的调度、强度也应和服装、舞台的整体效果协调一致。

（二）后台工作人员安排

完成一场时装表演还需要一些后台的工作者，下面就一些常见的工作人员做详尽的介绍。

1.穿衣工

大型的服装表演中，模特的服装既多又复杂，这时往往需要一名协助者帮模特穿脱服装，而这就是我们常说的穿衣工。大型的时装演一般为每位模特配置一名穿衣工，一些小型的表演通常由一位穿衣工为两名或三名模特服务。

模特表演穿第一套服装都比较从容，而换场后就会变得非常紧张了，这时穿衣工的工作就显得尤为重要。优秀的穿衣工不仅帮助模特穿衣，也必须和模特一样熟悉服装的上下场顺序，一般演出都会在试装完毕后制作后台演出服装吊牌，穿衣工可根据吊牌对照每套服装的组成，配件、用具的穿着方式。此外，穿衣工还担负着管理服装任务，每场表演后清点服装、检验服装，并及时发现服装需修补和整烫的地方，交付给其他工作人员处理。一名优秀的穿衣工可以使整个表演进行得有条不紊。

2.催场员

催场员的职责是配合舞台监督，在服装表演的进行中依据表演的顺序，督促即将上场的模特做好准备，其必须对每位模特的出场顺序及模特的形象记忆无误，并且须安排好模特的出场，提醒模特不要赶场或误场。

3.熨衣工与修补工

服装表演时常会发生服装起皱受损的情况，因此配备熨衣工与修补工是十分必要的，熨衣工和修补工主要负责解决一些临时出现的服装故障，如一些服装细节需修改，或某位模特因故不能上场而临时换人导致的服装不合身，或一些易皱服装上场前出现大面积皱纹等。

除此之外，还有一些检查员、风格师、保安人员、服务人员等也都是服装表演中的工作人员。需要注意的是，在安排这些人员时要视需要而定，工作人员的多寡主要是由后台的面积以及演出状况来决定的，最终要保证既不可因人数过多而使后台杂乱拥挤，也不能因人数过少而影响演出的正常进行。由此，适度原则是十分重要的。

（三）合成调整

经过舞台合成的步骤后，演出已基本准备就序，在这时就要对整个合成做最后的调整，因为在舞台合成时我们为演出加入了许多情节，如舞台、灯光、音响、发型等。在此时，必须对新加入的效果做进一步的协调工作。妆型与服装的结合是否在一些细节上还需改进，饰件是否可以在风格上进一步统一，A模特在表演分组时是否需做调整，等等。一般来说，在合成调整的过程中不会出现太大的变动。其主要完成的是一些细节的处理，以使整个表演在最后的准备阶段更加趋于设想中的效果。

1.彩排（前、后台的配合）

彩排时的要求和正式演出要求基本相同，从化妆到发型每个最后的细节，以及与之相关的谢幕时设计师出场，颁奖等都必须依实际情况完全地预演一遍。值得一提的是，彩排时的场地也应在实际演出的条件下进行，也就是说灯光的变换、景片的切换、演出的时间长短和间歇等都应最后落实下来。当然最主要的是彩排时除了要调节现场的情况外，对于后台和前台的关系也是编导者必须注意到的，如穿衣工的安排是否合理，后台到前台的通路设置是否易于演出表演等。总的来说，彩排基本等同于正式的演出，而所有现场问题在此时都必须被解决，也唯有如此才可以将正式演出时的意外发生率降到最低。

2.演出监督

演出监督是现场演出的最为重要的工作人员，在此，我们将他们单独提出来做介绍。

演出监督又被称作舞台监督，他们的作用与编导者紧密相关又互相补充。演出监督是一直注视演出的辅助者，随着表演的开幕，舞台监督就开始忙碌起来，他们要注意演出的每个细节，依次将一些特殊状况记录下来，同时还要负责演出中的各部之间的联系，及时地安排、调度其他工作人员来解决临时出现的演出问题。

通常，一名演出监督在每一日的演出开始前，就要制定出当日的工作日程表，之后，他的工作则是协调各部门之间的关系，并监督表演的进程。对于整场表演的策划，演出监督应十分了解，包括每场的背景、灯光、音乐、模特上场次序，何种服装以何种方式上场，及走台站位如何，等等。表演监督是个忙碌的执行者，辅助编导者完成完美的演出。

3.演出服务工作安排

在服装表演的时候，除了台前台后的工作外，还有一些与之相关的服务工作。

（1）坐席

服装表演必然有观众，一般将观众因目地不同而分为特邀来宾席、记者席和观众席。特邀来宾一般是指那些在服装行业中具有较高知名度的设计师、评委或是一些与表演相关的领导。这些席位一般设置在T台的正方向前两排，席位舒适、观看清晰，如涉及颁奖等情况还要考虑到行走的问题。记者席一般被设于特邀来宾席的后方，以及沿T台两侧的前排。观众席的多少则视情况而定。一般的时装表演时的走道为70 cm宽，而观众席的设置则应保持通道顺畅，避免因观众过多造成场内拥挤、气氛压抑等情况。

（2）新闻发布

服装表演是一种具有商业效应的表演，因此，新闻发布是必不可少的宣传手段。新闻发布通常分为新闻发布会和现场采访两种。一般大型的正式的服装表演为了提高其表演的影响力，常会举办专场的新闻发布会，会邀请一些有关的记者，通过对演出、设计师的介绍给记者传递第一手的信息，以期望通过相应的媒体为服装表演做详实的报道，这样的新闻发布会可以使该场表演的宣传详尽细致，而且由于其报导比较集中，会给观者造成连惯的记忆冲击，而产生较大的影响力。但这样的情况对发布会的要求较高，需视演出的实际运作能力而做出选择。

现场采访是我们常见的一种新闻宣传形式，在表演的同时邀请相关的媒体记者出席现场，由组织者发放适当的新闻统发稿。这样的新闻形式简便、快捷，是一种经济的宣传方式。

（3）酒会

资金充足的服装表演，常会于表演后举办小型的酒会来款待答谢来宾，让前来观看的来宾有一个相互交流的机会。同时来宾和组织者之间也会形成一种良好的宾主环境，为整个演出画上一个圆满的句号。

这样的酒会无须准备过多的餐饮品，通常采取的是多品种高质量的形式，最重要的是环境的设置应尽量轻松、愉悦，使参加者感到自然舒适。

除此之外，时装表演中的服务工作还包括票务工作等。

总之，为了使时装表演进行得完整，编导者需统筹兼顾，有系统、有组织地将时装表演的每个细节都掌握在计划中。

第四节　服装表演的媒体策划

一般而言，大型的服装表演往往会委托专业的媒体公关公司进行媒体策划和执行。在进行媒体策划之前首先要确定推广主题。推广主题的制订可以参考流行趋势、社会热门话题、大赛奖项等，制订的标准是贴合演出，足够独特又要易于传播。一旦确定推广主题，后续的传播工作就有了统一的宣传口径。同时，一个成功的媒体策划并不是参与的媒体越多越好，而是用有限的经费请到适宜的媒体，实现多媒体立体式传播。

选取契合度比较高的媒体能使宣传达到最大化。媒体本身有各种类别，服装表演要根据不同的传播推广目的有所侧重，选取受众契合性比较高的媒体，还要根据服装面向的不同消费者选取与其性别、年龄、风格相吻合的媒体。在备选媒体中，重点关注级别高、有分量的媒体，重点媒体代表了传播的高度，尽量发一些重磅稿件形成传播点，扩大影响力。除了重点媒体外还有很多二线媒体、地方性媒体，它们的作用在于造势，因此对于数量的考虑胜过质量。这些媒体既可以帮助拓展传播范围，又能制造一种热烈的气氛。

选定了媒体进行合理布局之后，就要根据媒体策划的思路制订具体的方案。一般以服装表演的主题、形式、地点、时间等活动情况，推广主题、前期宣传、现场媒体活动、媒体报道、媒体策划执行时间安排、现场活动流程、媒体策划执行人员安排、事后评估工作这些为主，进行方案拟定与执行。具体到执行中肯定会有很多调整，在实际执行中能够保持策划的原则性，不偏离大方向；同时又能有一些弹性，增加应变的灵活性。最后，对传播效果进行总结评估，这样能够帮助改进传播、优化流程、提高效率。

一、媒体策划的时效性

传统媒介的传播时效性已无法满足当今人们的生活需要，新媒体运营下的服装表演实现了实时传播的媒体效应。以电视为代表的传统传播媒介，通过对每一场服装表演的录制转播，将所呈现出的信息画面传递给电视机前的观众，这在时间上有一定的滞后性。这种传统的信息传播形式已经远远满足不了处于快节奏生活状态下的人们。

利用媒体时效性的策划为服装表演带来了新的契机。新媒体的传播推动着快时尚产业的发展，服装品牌新一季的产品发布会、时尚流行趋势的发布、商品促销活动的宣传等服装表演形式在微博、微信、直播平台中的快速传播，加速了品牌的商业推广。借此机会，能够利用时尚的快脚步为服装表演活动的前期宣传进行一些活动策划，例如推出快闪店、在商圈设置临时店铺来快速吸引消费者。让具有时效性的媒体策划能够在新形势下为服装表演活动充分地起到宣传作用，满足品牌商家在信息化时代的商业运营需求。

二、提高媒体策划受众群体的广泛度

如今的社交媒体软件数不胜数，最常见的微信、微博、抖音等软件上面都会刷到一些时尚资讯。服装品牌的促销表演、模特选美大赛、奢侈品品牌服饰广告资讯等，人们时刻都在毫无防备地接受着时尚的洗礼，平常不关注时尚的人们也会被精美的推广大图或一段震撼视听的短视频吸引目光。服装表演原有的受众群体更是享受着当下与时尚资讯近距离的接触，甚至有时尚铁粉通过模仿T台模特进行服装表演，从而一炮走红成为网络平台主播。多种媒介传播运营下的服装表演以其独有的符号化信息指引消费趋向，推进消费文化的发展。

在进行服装表演的媒体策划时，要利用新媒体技术寻求宣传突破点，利用多种传媒方式扩大服装表演活动的影响力、曝光度，提高受众群体的广泛度。新的时代环境下，人们的思想观念、审美观念、消费意识都有了较大的变化，有的消费者并不是缺少某种产品，更不是非买不可，更多地时候是为了满足自己的精神享受和审美意念。一般来说，衣、食、住、行是人们日常生活的重要组成部分，特别是服装不只满足人们的生活需求，它在很大程度也有助于提升人们的精神状态，这正是服装的气质美所起的效果。实际上，新媒体在服装表演的整个策划过程中起着重要作用，尤其是在服装表演舞台呈现的部分。像现代服装表演可以采用全息投影技术，这是由于舞美是烘托服装表演气氛的最佳途径，而全息投影技术正好能够促使服装表演形成一种全新的表演式样，该艺术视觉效果会给观众带来新颖的感受。

服装表演是一种展示活动，也是一种抓住观众眼球的销售活动。人们往往对新鲜事物具有好奇心，甚至想近距离亲自体验。如果将不同的新媒体技术运用于服装表演过程中，就会产生动态十足的表演画面，让人们沉醉于一种动感的、观看效果十足的欣赏氛围之中，耐人寻味。以新媒体为载体的服装表演过程，都是由电脑系统控制整个舞美艺术、灯光艺术、全息投影技术等的演示画面，从而使整个服装表演过程栩栩如生。

三、加强视觉传播的互动性

即时更新的新媒体资讯可以不受出版日期、播出时间等传统媒介的限制，随时发布服装表演的相关信息，与观众进行全方位互动，打破传统媒体单一的反馈模式，从而构建更自由、更客观的数字化多媒体时代。和传统媒体不同，通过新媒体进行策划最终所呈现的服装表演形式更具科技感。例如电视直播服装模特大赛仅能设置现场问答和观众投票环节，观众参与度低，互动形式单一，电视观众只能通过模特和现场少数观众的反馈获得信息。而对于服装表演来说，无论是审美价值、艺术价值、商业价值还是娱乐体验都需要通过与受众群体的互动来获得。曾经，时装沙龙的形式是私密而封闭的，仅限于上流社会贵妇之间。如今，在新媒体环境下，策划某场服装表演时就可以利用开放而自由的时尚沙龙，使表演活动成为各大品牌争相尝试的吸睛利器。从这一角度来说，服装表演的策划需要新媒体运营的支撑。

四、丰富表演艺术的创新性

新媒体艺术与服装表演艺术的结合，给人们带来了视听感官的创新体验。信息化时代推动了服装表演艺术与前沿科技的结合，一场精彩的服装表演是新产品与新科技的共同展示。服装表演策划过程中的服装设计、舞台搭建、灯光设计、音乐制作等通过新媒体的表现形式形成了声、光、电、图像的奇妙组合。如2018年10月，世界知名服装品牌巴黎世家2019春夏女装发布会以大型LED屏打造未来感电子视频隧道，让秀场观众亲身体验科技变革对世界的影响（图6-10）。

借助网络技术，新媒体时代的信息传播具有时效性快、便捷度高、覆盖面广的特点。这些特点也使服装表演活动策划方充分享受到了传播形式的改变带来的益处。服装表演本身也是一种信息传播的方式，它需要借助相应的媒介作为传播介质。因技术条件、传播工具的发展，不同时代的艺术传播在速度、传播效果上有着很大差异。在服装表演策划的前期，利用不同的网络媒体对表演活动进行宣传；在服装表演活动期间，利用微博、直播软件等平台对服装表演活动进行大力宣传。

图6-10　巴黎世家2019春夏女装发布会

第七章

服装表演的传播与推广

第一节　服装表演的传播

服装表演是由模特在舞台上运用姿态造型对所着服装进行展示的表演过程。作为一种传播介质，它是模特在理解设计作品后，对服装进行演绎和展示，从而起到传递时尚资讯、宣传品牌风格和设计理念的功能。服装表演艺术作为当代服饰文化传播的重要形式之一。从传播学角度来看，服装表演作为服饰文化的一种传播形式，具有以下基本特点：

首先，服装表演属于信息共享的一种。简单地说，服装表演即是将个别人或群体所拥有的服饰信息，分享给更多的人或另外的群体所共同拥有的过程。

其次，服装表演不只是一种单向的传播模式，也是一种双向的传播模式，甚至是一种互动模式。传播者将服饰信息发送给接收者，接收者对接收的信息进行分析、过滤，同时，提出自己的意见并反馈给传播者。传播者可根据受众的需求进行进一步的改进、传播，形成一种双向的信息交流互动的行为。

最后，服装表演的传播者和接收者的交换空间要具有共通性。即传播者和接收者双方要有互通的交流空间，双方在信息发出到接收以至最终的信息反馈都是处在一个互动、共通理解的基础上的。

当今时代，新媒体改变了信息交流的方式及途径，这不仅给服装表演艺术的传播带来了巨大改变，更使得大众在整个文化艺术交流领域的信息接受及相应的艺术品消费方式发生了巨大改变。新媒体是一种涵盖了所有数字化的媒体形式，也可以称为数字媒体，包括所有数字化的传统媒体、网络媒体、移动端媒体、数字电视、数字报刊杂志等。

一、新媒体时代服装表演传播的特征

（一）符号性与感知性

在一场服装表演中，我们可以随意看到各种符号，这些符号是不同信息的表达，从不同的角度欣赏具有不同特点的符号。从舞台符号来看，它包括舞台的音响、灯光、场景布置、布场图片。从模特的符号来看，它包括了模特的表情、动作、肢体动作、走台方式等。从服装的符号来看，包括服装的面料、素材、颜色、裁剪方式等。现在的服装表演已经融入了时代以及地区服装文化的元素，在不同主题的服装表演上我们可以看到不同的元素，比如怪诞、夸张的风格。模特具有地区特色的造型，不同国家以及民族之间的元素差异等，这些都是符号的具体体现，通过这些不同的表现将符号背后的视觉文化进行有效传播。视觉感知是服装表演在视觉表达基础上给观众更加深刻的印象。这种情感感知首先是通过

模特的表演所体现出来的，观众通过对模特所表演的服装产生第一感受，通过这种感受与自身的情感建立一定的关系，从而形成更深刻的感知。除了服装所带来的感知以外，服装表演现场的因素也起到非常重要的效果，比如舞台氛围、音响灯光、表演风格等，这些都直接影响观众的感知。观众通过服装表演的各个方面来获得对表演的感知，从而来建立自己对于服装表演的认同。

（二）互动性与综合性

相较于传统单向传播模式的服装表演，新媒体时代服装表演的传播模式凸显出超强的互动性。新媒体可随时随地进行信息发布与传播，受众的接收机制更加多样，反馈及互动的机制也更加多样。传统的大众传播更趋向于一个单向的信息传播过程，受众反馈不及时，有时反馈需通过其他信息传播系统进行。如报纸的功能仅是阅读，广播的功能仅是收听，电视虽有视听功能的结合，但其也是信息接收的渠道，

不能再被用来继续传播。而新媒体时代的信息传播是多向的，每个人既是信息的受众，更可能是传播者。如2018年"维密"大秀（图7-1）当天，新媒体App、微博热搜榜的前50条，关于"维密"的话题就有10条之多，占据当日热搜榜单的1/5。网络通信的微型性与时效性使得信息传播的广度得以保障。

（三）微型性与时效性

新媒体时代的主要传播对象为碎片化、分解后的文字图像音频视频等。服装表演在新媒体时代的微型性主要分为两个方面，分别是传播内容的"微型"和传播媒介的"微型"。从传播内容上来说，移动新媒体的图文、视频等的单次发布量被限制到很少。传播者在进行编辑时可以选取个人认为最具价值的部分进行传播，人们在很短的时间内就可以了解到时尚信息。传播媒介的"微"体现在借助网络科技的发展，移动新媒体的传播及受众对于信息接收

图7-1 "维密"2018年大秀

的便捷性。在新媒体时代传播者与受众的身份相互转换，每一个独立的个体都是新媒体时代传播"微"参与者。例如当今服装表演中的各大奢侈品牌新品发布会，会邀请各个国家地区有影响力的知名时尚博主等莅临现场，在发布结束后立即通过时尚博主的新媒体平台将信息传递给全世界。

（四）商业性与娱乐性

服装表演作为当今广为熟知的一种艺术形式，其传播目的之一就是能给服饰作品带来经济价值。新媒体时代下服装表演的商业作用大大增强，其不仅仅是品牌展示设计成果的艺术形式或平台，品牌更多的愿望还是促进产品的销售。例如2018年中国运动品牌"李宁"在纽约时装周举办新品发布会，走秀结束后仅仅一分钟，很多产品就已经在天猫平台售罄。借助新媒体的力量，使得品牌信息能够更快、更广、更具深度的传播开来，使受众进行消费行为。新媒体时代下的服装表演更能展现出巨大的商业价值。

服装表演是融合了多种艺术形式的综合艺术，然而，新媒体时代的服装表演呈现出过度娱乐化的倾向。一场好的服装表演可给观众带来情感的欢乐，但新媒体时代碎片化的信息传播方式使更多受众在关注服装表演时仅仅依靠图片或短视频进行信息接收。就像电影跌宕起伏的剧情一样，一场服装表演的设计是有层次及逻辑的。音乐节奏的变化、现场舞美的控制、服饰的变化及模特的表演，这样一场完整的服装表演才能真正带给人们美的情感体验。

二、服装表演传播的构成要素

（一）传播者

传播者是传播活动的发起者，也是活动的核心人物之一。传播者可以是单独的个体，也可以是有组织的群体。服装表演编导是服装表演的传播者之一，他是一场服装表演的编排者、设计者和组织者。编导对服装表演的信息进行编码，通过对各个环节的精心设计和表演元素的灵活运用，赋予服装表演以审美价值和意境。

模特是服装表演的又一个传播者，属于表演型传播者。模特通过对服装设计意图的准确把握，借助肢体语言、面部表情进行巧妙的表达，再加上妆容与造型的辅助对服装信息加以编码，将服装的设计风格、审美理念再现于舞台上，赋予服装生命与活力。

设计师是服装表演的第三类传播者，是服装产品信息的直接来源，在一场表演中对观众可见或不可见。

服装表演的第四类传播者——举办方即发起人，属于责任型传播者。他们制定服装表演的主题，挑选合适的编导甚至模特，并承担着服装表演的责任与结果，是服装表演真正意义上的传播者。

（二）接收者

接收者又称受众，是传播活动的目的与方向。服装表演的传播过程具有一定的特殊性，通常情况下其受众有两种类型：纯粹受众和介质受众。纯粹受众顾名思义就是终极受众，而介质受众则具有双重身份，既是接收者也是传播者。

从狭义角度来看，由于服装表演的类型不同，决定了不同受众群体。例如：

流行导向型服装表演的受众由两部分组成，一部分是扮演意见领袖身份的介质受众，多为知名设计师、时尚杂志编辑、明星名模等社会上对时尚界有影响力的人物；另一部分是纯粹受众。

娱乐类服装表演的受众分为两类，一类是现场的观众，另一类是通过大众媒体接收到服装表演信息的场外观众。

艺术类服装表演的现场受众与娱乐类服装表演的受众相比，其受众并不是一些普通的观众，而是一些有组织的集体，如代表国家进行文化交流的团体。

（三）信息

信息是传播的核心环节，它是传播者和接收者之间的互动介质，是接收者能够接受、使用和传递的信息。服装表演的传播信息包括表演服装、表演主题、设计师的设计理念、品牌的文化内涵等。

流行导向型服装表演是以"预测流行信息、引领服饰流行趋势为目的信息发布类服装表演"，其传播信息侧重于服装的款式、面料、色彩上，

· 服装表演概论 ·

侧重于传播时尚与流行的新趋势；销售型服装表演中订货会类型的服装表演是以品牌宣传为主的商业性质的推广活动，目的在于挖掘潜在客户，扩大受众群，从而最大限度的盈利，传播信息倾向于设计师或品牌的风格和特色上；竞赛型服装表演分为服装设计比赛和服装模特比赛两种，显然，前者传播信息着重于设计师的设计理念和专业技能上，而后者的传播信息则侧重于服装模特上；娱乐型服装表演传播内容更加倾向于现场娱乐气氛的渲染，意在传达一种生活观念和态度；而艺术类服装表演以宣传民族服饰文化为目的，意在传达民族服饰文化的特点、精神和文化内涵等信息。

（四）传播媒介

传播媒介是传播行为的物质手段。"媒介就是参与传播过程之中，用以扩大并延伸信息传送的工具"。服装表演的传播媒介包括新闻发布会、广播、报纸、杂志、电视、网络等。

报纸的时效性相对较弱，选择性和保存性较强，但感染力相对较弱。考虑到报纸的传播特点，服装表演的内容常以活动的宣传、发布会的新闻采访、评论或最新流行趋势介绍等形式出现于报纸上。

杂志在服装表演的众多媒介中是一个较专业的平面媒体，拥有大量时装发布会的精美走秀图片以及相关资讯。杂志社通过服装公司免费服装赞助进行大片拍摄的同时，也为该服装品牌进行了广告宣传。

电视的时效性较强，但保存性与选择性相对较弱，信息转瞬即逝，难以展示相对较繁琐的内容。由于电视与广播的相似特点，迫使其在传播过程中更适合简单的宣传和呈现，不适合过多的解说和评论。相对单一类型的传播而言，所产生的效果更加显著。

网络具有时效性、保存性、选择性均较强的优势。由于网络的信息量大且不受时间的限制，因此服装表演与网络的合作机会也相对较多。网络对服装表演进行报道的形式有视频直播、图文并茂专题报道、服装时尚信息的专业网站等。

（五）传播效果

传播效果指的是传播过程中产生的结果，包括社会效应、经济效应与心理效应。服装表演带有说服力的传播行为及示范作用可以使受众接受时尚信息的引领，产生效仿行为。对于传播效果的评价可以通过媒体及大众的反馈评论、市场的销售状况中获得。

三、服装表演传播的路径

科学技术的发展对媒体也产生了潜移默化的影响。如今，新媒体的发展与人们的生活息息相关，突破了时间和空间的限制，在这样的大背景下，传统媒体与新媒体并肩作战，形成了新的服装表演传播方式。表演活动传播的科学性与实用性相结合的前提下，服装表演传播方式大致可以分为3条线路。

第一条线路是信息经传播者发出，经过服装表演活动的主体对象将信息传达给现场观众，然后通过现场观众的面部表情以及一些肢体上的动作反馈给传播者。

第二条线路是时尚媒体的编辑、记者、摄影师和摄像师等专业媒体观众将服装表演活动的相关图片视频文字等信息通过时尚媒体杂志及其官方网站传达给广大的受众，受众再通过各种方式向时尚媒体或网站进行反馈。值得一提的是，服装表演活动现场观众在传播过程中扮演了双重角色，既是第一条传播线路的信息接受者，又是第二条线路的传播者。

第三条线路是企业的忠实客户、社会名人或者普通大众将服装表演的现场图片和个人感受通过自媒体传递给自己的朋友和粉丝，然后他们再通过彼此互动等形式进行反馈。

四、服装表演传播中的信息反馈

在服装表演的传播过程中，信息的反馈和噪音逐渐被传播者所重视，处于不容忽视的地位。

（一）服装表演传播中的信息反馈

反馈是接收者对接收到的信息的反应和回馈。对于传播者而言，反馈信息是其检验此次传播效果的依据之一。反馈信息是接受者主观能动性的体现，因此作为传播者需要将接受者的这种主观能动性或者说自觉性最大限度地增强。

1.信息的一般反馈和典型反馈

一般反馈，即普通受众群体的意见反馈，代表着一般受众的态度、意见和需要。同时由于受众群体多样化，受众的文化、观念、年龄等的差异，导致反馈的信息分散、繁杂且差别较大。典型反馈，是对受众群体中具有代表性的意见、观点进行梳理整合，经过传播者的分析，作为其调整、变动传播行为的依据。例如，发布信息类服装表演，传播者通过服装表演将新一季的服装流行色、流行款式的信息传播给社会上对时尚界有影响力的人物，通过他们对传播信息做出的反应、回馈来进行进一步的调整。

2.信息的直接反馈与间接反馈

由于服装表演的种类不同、受众不同，因而其在传播过程中的反馈形式也就有所区别。当受众属于纯粹受众时，传播者可以短时间内接收到受众的观点、态度、看法。如竞赛类服装表演，评委就是表演的直接受众，他们可以在表演过程中直接反馈自己的意见、态度和看法。

间接反馈，是从介质受众中获得的反馈信息。即传播者将信息发送给介质受众，介质受众再转而传给纯粹受众的时候，信息反馈时就不会那么迅速、直接且集中了。如流行导向型服装表演，从开始传播到市场上广为流行，大概需要两年的时间，而信息的反馈，最快也是两年后才会反馈到传播者的手中，而且大多数的反馈信息并不能代表所有最终受众的直接意见，这样就会导致收到的反馈信息有所偏差。

（二）服装表演传播中的噪音

噪音是传播过程中的一个负面功能，是信息在正常传递过程中的干扰，且影响信息的有效传达。噪音的介入不仅增加了信息量，而且导致信息传播过程的不确定性。

噪音有系统内噪音和系统外噪音之分。系统内噪音，即自然的噪音，包括天气因素、交通状况、现场设备故障等；系统外的噪音，即人为的噪音，包括模特表演时队形走错、服装出现做工上的问题、演出过程中出现空场等，还包括传播者和接收者编码译码过程中不可避免的个人主观因素。

（三）服装表演传播中噪音的控制策略

在受众的需求日益多样化的今天，传播者需要对受众的心理需求进行细致分析，精准传播。与此同时，对受众的反馈信息进行分析整合，利用受众的反馈信息消除一部分系统外噪音。

例如，促销类服装表演，举办方需要对光顾率较高的商场消费者的年龄层、职业类型、消费观念等内容了如指掌，选择适合该商场大部分消费群体的服装款式、风格、价位的服装进行表演促销，同时选择适宜的时间，即人流量较密集的时间段进行表演，吸引基本受众，挖掘潜在受众。传播者从介质受众的反馈信息中便可得知，此次服装表演中受欢迎的服装款式类型，进而调整接下来的生产工作。增加订货量多、关注度较高的服装制作数量，减少改进订货量少、关注度较低的服装。

传播者在服装表演传播过程中，既要重视受众的选择，也要利用受众的反馈信息，梳理整合迎合受众心理的信息内容，控制部分不必要噪音的产生。

在服装表演传播过程中，应尽量避免将各个传播媒介进行简单的相加罗列，需把不同传播媒介统一为一个整体，只有将整体的传播媒介统一于服装表演自身的美学原则中，才能更好地将服装表演的和谐美呈现于受众面前。

第二节　服装表演的推广

推广，顾名思义是推而广之的意思。服装表演作为一种商业性活动，它的核心内在动力就是推广及营销。

一、服装表演推广价值的体现

作为一种传播的艺术，其巨大的推广价值主要体现在以下几个方面：

（一）品牌价值

服装表演的最终目的，在于打造品牌、推销服装，服装表演的永恒价值在于提升品牌形象，其不变的使命就是沟通设计师与消费者的心灵，最终达到丰厚的商业回报。设计师和服装企业通过服装表演这一营销手段，来实现创造价值的目的。我们都知道，香奈儿、迪奥、范思哲都是国际上的著名品牌，他们在每一季都会下重注来举办自己的品牌服装表演发布会。由此，我们足以看出服装表演对服装产品的推广有着举足轻重的品牌价值。

（二）商业价值

服装表演带动了与之相关的一系列产业的发展，而与其传播属性相关的我国广告代理行业也因此不断拓展业务，并涉足更为广阔的领域，服装表演的商业价值由此进一步得到彰显。服装表演走秀的整个过程本身就具有了广告属性和媒介宣传能力。我们可以清楚地看到一种变化，那就是随网络社会的发展演进，消费者接触媒介的态度以及习惯已经开始悄然变化了。服装表演的商业化业务也随之面对更加复杂的竞争形势。服装表演对于广告代理公司而言能产生巨大的商业价值，所以无论是在综合性还是专业性方面，广告代理都切实地将服装表演广告业务当作一块沃土在进行开垦并愈发重视其客观的影响力。

（三）美育价值

美学思想伴随人类而产生，人类生活需要美并创造美，而服装表演是对于服装美的展示和表达。服装表演具备以下几种美：模特美、服装美、造型美、舞台美、音乐美、灯光美等。有关于这个专业的一切都是美好的，服装表演专业的实质就是发现美、综合美，并且传递美。服装表演的过程同时是创造美的过程，它对每个人的审美能力和鉴赏基础有一定要求，而通过服装表演观众所感悟到的美，也作用于其对于艺术审美性的提升以及对服装、艺术、文化的感受能力的拓展等方面。服装表演的艺术构思是服装表演的美的创造过程中的关键部分。服装表演美的创造不仅令人能够对服装设计美感产生感受力，还可以诠释服装表演展示带来的艺术构思，并且从文化层面传达出艺术受众与艺术本身的价值内涵。

（四）文化价值

服装表演在艺术层面属于文化传播的一个分支。随着人类社会的进步，人类文明也在不断发展壮大，当今社会人们对服饰变化的追求越来越严苛，单一且没有文化内涵的服饰文化传播方式逐渐在人类文明的发展进步中被淘汰。时代进步伴随着民族的复兴，服饰文化传播中的民族特征以及地域特色成为我国服装表演文化传播中的重要内容，并且符合了社会发展特质。在这一过程中，服装表演传播的同时也在不停地充实自己本身的科学性。当未来文化传播的实用性和科学性相互渗透融合时，服饰文化的发展进程必定是多元的。这些多元化将来应当将服装文化传播的重点以服装表演的方式体现出来，文化传播的媒介在不断地完善和补充着，而服装表演的方式也必须紧随时代与时俱进。不久的将来，服装表演的传播性将不仅限于舞台、网络，甚至可能成为一种人人参与的互动活动。

（五）科技价值

随着时代的进步，科技的日新月异，服装表演与现代先进技术的结合早已屡见不鲜，一场精彩的服装表演是由很多部分紧密组合构成，其中当然也蕴藏了许多的技术含量，服装表演存在的根本价值是为了促进服装的销售以创造更大的经济价值，服装才应该是整场表演的主体。服装公司必须拥有先进的科技技术，在面料的生产上与版型的裁剪上做到零盲点才能制作出符合设计师心意的服装，甚至有些服装的卖点就在于特殊面料或者一些具有特别纹理的面料的运用上，这种高科技产物并不是每个品牌都能够进行效仿的，标新立异地不走寻常路才能引领时尚潮流，才能占领市场空间，于是新技术创造了新价值高度。如"维密"时尚秀，整场秀分为几个系列，每个系列出场时舞台的布置都会相应的发生变化，模特身上的造型以及用来做造型的材料也是包罗万象。这属于全世界最顶尖的服装表演，内衣的华丽造型与顶尖超模的完美结合，大型的 LED 屏幕制作栩栩如生，激光灯与频闪灯等先进设备营造出光影交错的视觉感受。先进科研与服装表演的结合是服装表演行业发展的新趋势，也是制造创新点的秘密武器。

（六）传播价值

服装表演作为一门综合性艺术，呈现出无比强大的开放性和大众性，电视和网络的传媒途径对于服装表演起到了巨大的推动作用，通过大众传媒的手段，服装表演得到了广泛地传播，更加能够从多个角度刺激观众的感官和视觉，新的传媒给服装表演带来了新的特征，带来全新的视角，使观众能够获得更多的视角，全方位来进行审美。这种传媒方式的传播，大大地促进了服装表演的商品性。

二、服装表演对服装品牌的推广

服装表演不是孤立存在的，它必须依赖于服装品牌这个载体，或者说，服装品牌更不能离开服装表演。

服装表演是一场独特的传播信息手段，通过其传递的时尚信息，表达其商家企业文化理念与作品展示，而这些信息通过媒体的传播，让更多的公众去了解服装品牌的内涵。流行趋势是一个概念词，媒体通过服装表演的形式去捕捉在整个演出中所呈现的颜色、款式等，从而进行推广。

国际知名的服装品牌，每年都要举办数场服装表演秀，商家不仅仅为了卖出更多的产品。卖出产品固然重要，但是消费者必须对此有认同感，进而才可以谈到产品的销售。一场成功的服装表演，也不可能是完完全全都得到认同，但是这种与消费者的沟通方式，公众是买单的。服装表演的价值也就是在于推广服装品牌的价值，通过设计师的设计来与消费者的心理进行有效沟通，从而去提升品牌价值。这样，服装品牌的价值才会形成长久的发展。

三、服装表演对设计师的推广

对于设计师而言，最有效的推广就是让大家熟悉、接纳并喜欢你的设计作品，无论是自己的品牌还是设计师为之服务的品牌。服装表演无疑是推广设计师的重要桥梁，设计新人通过服装设计大赛来让观众和消费者认识自己，模特身着设计师的作品，对服装进行演绎能够让观众快速直观地了解到设计师的风格、能力等，而成熟的设计师则需要通过时装发布会让自己和品牌长久的树立在消费者心中。无论是设计大赛还是时装发布会，模特对于设计师作品的深度理解、适度表现都是在全方位地展现设计师的才华。

四、服装表演对模特专业人才的推广

模特，是服装表演行业的核心组成要素，服装表演人才的培养与推广也主要是围绕模特的培养来展开。在西方国家，模特的培养已经形成了以专业化模特经纪公司为主体的商业模式，模特的挖掘、培养以及推介都依托公司进行。我国的服装表演行业起步晚，商业化运作模式基础相对单薄，在服装表演人才培养方面，除了时尚机构的培养更多的则是主要通过高等教育的方式开展。

第三节　服装表演传播与推广的重要载体——时装周

一、时装周的要素及其功能

（一）时装周的要素

时装周，英文译为Fashion Week，是以服装设计师以及时尚品牌最新产品发布会为核心的动态展示活动，也是聚合时尚文化产业的展示盛会，一般都在时尚文化与设计产业发达的城市举办。时装周不仅对当季的服饰流行趋势具有指导作用，同时也在指导着配件部分：鞋子、包包、帽子以及妆容的流行趋势。在时装周举办的中后期还会有静态的服装展示和接受顾客预定的订货会环节。

一般来说，时装周涵盖了以下五大基本要素：

（1）时装周的服务对象，包括时装公司和参展品牌；

（2）时装周的服装专业行业协会；

（3）时装周秀场或者静态展馆；

（4）参展厂商获取信息和宣传品牌形象的渠道；

（5）时装周的最终消费者。

时装周参与者角色的不同，对于时装周的理解和认识也各不相同。时装周的主办方认为时装周就是一个在设定好的时间和地点向大众展示新一季设计潮流和思想的平台；时装周的参展商则是希望通过时装秀的举办，其品牌和设计能被大众所认可，然后下单进行订购和交易的过程；对于观众而言，时装周的举办可以让他们了解最新的时尚信息，然后可以对自己感兴趣的服装达到采购的目的。但无论从哪个角度定义时装周，都有一个共同点：时装周是为满足大众多层次的、多方面的需求而存在的。

（二）时装周的功能

1.带动经济的发展

时尚行业作为一个新兴的产业，具有强大的经济带动功能。国际著名的四大时尚之都，美国纽约、法国巴黎、英国伦敦、意大利米兰都从时装周的举办中获得了巨大的收益，从而带动了本地经济的发展。以纽约时装周为例，据美国时尚杂志WWD（Women's Wear Daily）的消息称，

纽约在2月和9月举办的时装周会给城市总体经济带来8.87亿美元的收益，其中包括5.47亿美元的直接游客消费。可见，时装周带动着城市经济的发展，为城市的建设起到了很好的带动作用。

2.促进产业发展

一个有影响力的时装周能够极大地促进举办地的产业发展。从国际经验来看，时装周的举办要以当地的产业为依托，与此同时，时装周的举办也能带动当地产业的发展。如果时装周与当地的产业形成了良性循环，对于相互之间的发展是绝对有利的。时装周能够为举办地的产业带来良好的展示和推广平台，从而吸引大批的国内外的游客前来采购，极大地降低了本地企业的营销费用。

3.优化城市产业结构

时装周有利于城市产业结构的调整，并对产业结构优化起着重要的作用。一方面，以时装周为代表的时尚行业作为第三产业的一部分，可以通过带动第三产业的发展，调整第一、第二产业的比例，有利于城市产业结构的优化调整。另一方面，时装周为商品和新技术提供了一个展示的平台，企业可以利用这一新平台发展新技术、新原料、新需求，从而促进产品的升级换代，甚至形成新行业。由此可见，时装周在促进生产投资和城市产业结构调整方面具有其他行业所不能替代的作用。

4.促进城市建设

时装周对于城市的硬件设施要求比较高，对于城市硬性设施建设也提出了更高的要求。政府等机构为了迎合城市时装周发展的需要，必会加大基础设施建设力度，这样一来促进了城市基础设施功能的进一步完善。

5.提升城市知名度

时装周的顺利举办不仅为城市带来了新的机遇，也在某种程度上提升了城市的知名度。如果时装周的举办具有国际化性质，那就会引起全世界人民的关注，与此同时举办该时装周的国家和城市也会成为人们议论的焦点话题，从而为城市形象的提升带来新的机遇。时装周是宣传城市形象的广告，通过时装周的举办，城市的技术水平、经济实力、城市风采等形象可以高效、便捷、直观地展现给公众，在公众心目中树立一个好的形象。

6.促进城市就业

时装周在举办期间会有大量的游客涌现，这样一来就为城市提供了大量的工作机会。在时装

周的初期，开展展品的运输、展台建设、设备租赁、广告宣传等工作，在展会期间，聘请翻译人员、礼仪人员、保安等人员；在时装周的后期需要进行垃圾处理以及后续跟踪等。除此之外，时装周还涉及餐饮、住宿、交通等问题，时装周所带来的就业机会多属于劳动密集型，对于城市就业压力的缓解起到了立竿见影的作用。

7.促进文化交流

国际时装周的举办可以促进城市的文化交流。一方面，国际时装周的举办会吸引来自世界各地参加展览的游客，来自各个国家的启发和灵感都会带入举办时装周的城市，在交流和融合的过程中，还会为该地区带来一些新的技术；另一方面，时装周既是新的产品、新技术和新材料交流的平台，也是新观念、新思想互相碰撞交流的平台。时装周期间，不同国别、不同文化的交流使得原有观念不可避免地出现创新和融合，从而使得城市文化不断地推陈出新，慢慢地衍生出一种自带城市特色的国际化个性。

8.普及科学知识

除上述几大功能之外，时装周的科普功能也是不容忽视的。大型时装周举办的时间比较固定，在这特定的时间内能够发布时下热门现状、发展趋势、新型面料和技术，使得观众接受度高，眼界大开。而且时装周期间聚集了时尚圈领域的各种优势人才和设计师，使得参与者可以在较高的层次中交流和学习，同时通过接触各种形式的时装展示，在较广的范围内获得科技、经济知识和最新的消息。

二、时装周的分类

随着社会分工的深入和时装市场的细分，时装周的类型及举办形式不断发生分化和演变。按照时装周的产品类别、产品档次、时间季节、地区范围等方面的不同，可以将时装周进行以下的分类。

（一）根据时装周举办时间和季节分

可以分为春夏时装周和秋冬时装周。时装周的举办时间在国际上都有特定的惯例。以纽约、伦敦、米兰、巴黎这四大国际时装周为例，有春夏时装周和秋冬时装周之分。春夏、秋冬两个时节，分别是每年二、三月份的当年秋冬季时装周和九、十月份的次年春夏季时装周。每一年时装周的举办都有一个固定的先后顺序，分别是纽约、伦敦、米兰、巴黎。

（二）根据时装周的产品档次分

有成衣时装周、高级成衣时装周和高级定制时装周之分。成衣时装周、是由普通的成衣为基础组成的时装周，而普通的成衣都是在工厂的流水线上大批量生产的衣服，尺寸上有大小码之分，其生产的衣服也只适用于那些对版型和尺寸没那么考究的服装品类，这类服装更加注重款式和销量。因此，成衣时装周针对的是一般性的可以参加时装周的品牌，其直接目的是为了服装的顺利销售。高级成衣与普通的成衣相比，不只有品质好的衣服，还有高级成衣系列的服装，高级成衣更加注重时装的设计、理念和品牌这几个概念，而且对于衣服的制作更加精细，对于尺寸的测量和设置也更加精细，在面料的选择上也比普通成衣的用料上乘。

高级定制源于巴黎著名设计师命名的"haute couture"，量身定做是高级定制区别于成衣时装和高级成衣的特点，量身定做是指按照顾客的身材比例和需求来制作特定的限量版服装，高级定制无关流行，它的可贵之处在于它的独一无二。大多数的高级定制都是手工制作而成，对于工艺和技术的要求是非常高的，高级定制并不是一个随便就可以冠以的名号，它代表的是一个时代的技术传承和身份的象征。在法国，参加高级定制时装周的服装品牌都有严格的界定。

（三）根据时装周的产品类别分

根据时装周的产品类别分为男装时装周、女装时装周和童装周之分。一般意义上的时装周主要指的是女装周，因为女装的影响力较大，而且造型款式百变。最开始的时装周并没有男装周和女装周之分，后来时装周场次逐渐增多，为避免秀场的混乱，也为了时装周的举办更加细化和专业，男装周作为一个独立的分支从最初的时装周中单独分离出来。

（四）根据时装周参展商和专业观众来源的地区范围分

可以分为国际性时装周、全国性时装周和区

域性时装周。时装周作为一个大型时装业展览会，只有展馆够大、国际参展商够多、海外观众参与度高才可称之为国际化的时装周，在时装周发展较成熟的国家，品牌国外参展商和海外观众所占比例一般超过40%。与国际时装周相比，全国性时装周和区域性时装周的展出面积，国际参展商和海外观众的来源范围都比较小。除国际化的时装周外，其他各种类型的时装周类型并没有明显的界限。

三、四大国际时装周

欧美国家的时装周在西方近代工业发展的历程中不断地融合，目前已经发展得比较成熟，最终也形成了有鲜明地域特色和文化个性的四大时尚之都，分别是法国的巴黎、美国的纽约、意大利的米兰和英国的伦敦。由于四大时装周所处的四个时尚中心城市的文化背景、产业结构和产品构成的背景不同，在很多欧美国家的相同的共性之外，各时装周都具有其各自的特点。

（一）巴黎时装周

巴黎时装周是主办机构是"法国高级定制和时尚联合会"，其前身是"法国时装、成衣及时尚设计师联合会"。1910年，巴黎时装周最先兴起，法国时装协会成立于19世纪末，行业协会的初衷和最终目标是维护巴黎在时尚界稳定的地位，现在仍然是该协会的最高宗旨。法国高级定制和时尚联合会拥有3个联合公会，包括高级定制联合公会、女装联合公会和男装联合公会；三个联合公会旗下有100多家会员单位。其中高级定制工会代表着当今国际上最顶尖的设计师和品牌，中国设计师郭培就是高定公会的会员。巴黎时装周是由法国高级定制和时尚联合会所属三家联合公会组织的每年两次活动，包括巴黎高定周、巴黎男装周、巴黎女装周。

在第二次世界大战期间，巴黎时装周没有完全停止时装周发展的进程，但是由于战争的影响，使得很多时尚界的设计人才没办法专心的参加巴黎的时装周。纽约作为二战时期远离硝烟的城市，借机瞅准势头，将巴黎的设计人才挖角到本城市。设计人才的大量流失，使得巴黎时装周的举办更加的缓慢和艰难。这场危机的化解是源

于克里斯汀·迪奥在1947年推出的"New Look"高级定制系列，这才使得巴黎时装周的世界之都的地位得以稳固，但是在此期间巴黎时装周的举办并没有很完备，也没有形成系统化的举办模式。经过了二十多年的发展演变，最终在1973年巴黎时装周才正式确立，这个时候法国时装协会也把高级定制、女装成衣和男装成衣进行了详细的划分，巴黎时装周自此开始了繁荣的发展。

在场馆方面，没有设立官方统一的共享发布场馆，所有秀演都需要设计师自己去寻找场地和自己安排舞台搭建，因此，我们看到的巴黎时装周发布秀的场馆比较丰富，包括大皇宫、小皇宫、巴黎歌剧院、卢浮宫、市政厅、艾菲尔铁塔、博物馆、展览馆、古监狱、贵族庄园、马戏场、协和广场等等。设计师需要自己支付场地租金和舞美搭建费用，也没有组委会提供的公共服务设施，因此，巴黎时装周的整体制作费用要远远高于纽约时装周。举办的时间为：1月冬季高定周；2月男装周+女装周；7月夏季高定周；9月、10月男装周+女装周。

（二）纽约时装周

纽约时装周的主办机构是美国时装设计师协会Community of Fashion Designers of America（简称CFDA）。纽约是最早由官方牵头创办时装周的城市，之所以在美国选择纽约这个城市，是因为纽约在三四十年代的时候已经是一个国际化的大都市，密集的人口、庞大的市场和出色的兼容性，足以承载美国的时尚。

纽约时装周最大的特点是设有非常强大的官方主会场，是时装周的核心，美国主流设计师和时尚品牌一般都选择在官方主会场里举办。由于场地集中管理，组委会很容易将精力和资金集中于此，提供优质的服务和共享资源。纽约时装周的管理模式是集中管理，但由于官方主场地的限制条款比较多，每个参演品牌用于准备和演出的时间只有3~4个小时（包括后台的使用、模特化妆、排练、观众进场、演出、演出后采访和退场），很难做大幅度的创意设计发挥和公关方面的需求。近年来也有一些有实力的大品牌偶尔会选择适合自己风格的场地作秀。

由于纽约时装周的高度商业化，对外来文化的接纳程度比较高，对参演者的审查相对比巴黎

和米兰要宽松。但是，组委会更关注参演商在纽约的商业行为，对在纽约有销售能力和网点的品牌更是有择优参演的机会。举办的时间一般为：2月男装周+女装周；7月男装周；9月女装周。

（三）米兰时装周

米兰时装周的主办机构是意大利国家时装商会 Camera Nazionaledella ModaItaliana，旗下有100多家与时装相关的企业和品牌，囊括了所有的意大利一线品牌，除了时装以外，还包括纺织、配饰、皮具和制鞋业。作为世界四大时装周之一，意大利米兰时装周一直被认为是世界时装设计和消费的"晴雨表"。每年在春季2月和秋季9月举办的时装周分为男装和女装两个部分。

1967年是米兰时装周正式成立的年份，也是意大利成衣诞生的一年，更是米兰作为世界时尚之都开始拓展其影响力的一年。随着米兰时装周的创办，衍生出了一批本土设计师的成衣品牌。米兰时装周崛起得最晚，但如今却已独占鳌头，聚集了时尚界顶尖人物，上千家专业买手，来自世界各地的专业媒体和风格潮流，这些精华元素所带来的世界性传播远非其他商业模型可以比拟的。

米兰时装周分为官方场馆和品牌自有场馆两类。

官方会场是由组委会负责统筹安排的2个场馆，虽然场地不大，但都是在米兰地标性和具有代表性的区域。这些场馆一般是安排给新锐设计师以及一些没有能力独立作秀的设计师使用。场馆的设备设施相比纽约时装周要简陋很多，除了后台基本上没有太多的公共服务设施。在这里发布秀的形式也比较简单。

一些米兰当地的重要品牌和有实力的品牌一般都在自己独立的场馆作秀，也有一些时装品牌的发布秀安排在自己公司自有的场地里举行。

由于米兰时装周对参演品牌的整体诉求是高级成衣，因此在秀演的创意方面与巴黎不同，在发布形式方面不过多的追求"创意"和"艺术"，而追求简约、高雅、干净的视觉呈现；对时装作品的品质和质感的苛刻程度要高于对创意和奇特性的要求。因此参演时装作品的原辅料、制作工艺和搭配尤其重要。米兰时装周举办的时间一般为：2月男装周+女装周；9月男装周+女装周。

（四）伦敦时装周

创办于1983年的英国时尚委员会British Fashion Council是由英国纺织业内的赞助商们出资而成立的非营利性机构，是伦敦时装周的主办机构。而伦敦时装周的真正创办时间是在1971年，虽然英国时装协会是伦敦时装周的主办方，但是却晚于时装周的创建十多年。1971年正式创办了伦敦第一届时装周，而这其中所有的花费总共1000英镑。刚开始叫做"英国时装周"，后来才更名为伦敦时装周。

伦敦时装周组委会官方的主会场，规模和设施虽然比起纽约时装周要简陋和窄小，但是由于有指定的制作公司和公关公司的统筹和协调，在整体服务上还是比较舒服的，比起巴黎时装周可以明显感觉到有组委会的存在感。以博柏利为代表的国际一线传统品牌以及以维多利亚、贝克汉姆为代表的当代明星品牌，由于实力比较强，一般都选择自己可以掌控的场地举办时装发布秀。一些新锐设计师、前卫设计师较为倾向在有创意、成本低廉的场地举办发布秀，有特色的酒吧、咖啡厅、餐厅、夜总会，甚至大街上都是举办时装发布的场地，设计师们不拘一格、各显神通。事实上，伦敦真正的时尚力量恰恰来源于这样一批先锋的创意品牌。

在风格特点上，伦敦时装周确实没有纽约、米兰和巴黎时装周那么热闹。伦敦在工业化程度上比不过米兰，商业又比不过巴黎，而信息流通和买手水平方面也不及纽约。但经过了多年的摸索和实践，伦敦吸收了最具想法的新锐设计师，呈现出荒诞有趣的设计风格，人们从中找到的是大师们已经丧失的想象力。所以说，伦敦是新锐、前卫和富有想象力的设计师的首选，有品质的潮牌时装在这里也许可以找到一席之地。伦敦时装周举办的时间为：2月男装周+女装周；10月男装周+女装周。

四、中国时装周

第一届中国国际时装周诞生于1997年12月5日，当时被称作中国服装设计博览会。在此以前，中国服饰类的展览都是"地摊式"的展会模式，而首届中国服装设计博览会的召开，引入了

"动态发布"和"特装展位"的全新概念,设计师和模特全面参与到T台发布的活动中来。自此,T台发布秀也确立了自身在品牌推广和发布中的主导作用,这一举措的确立,有利于中国时装业国际化进程的推进。

除此之外,发展历史比较长的时装周,还有上海时装周、广东时装周和青岛时装周。上海时装周注重本土自主品牌,广东时装周注重商业,青岛时装周则注重新锐时尚品牌。现如今,武汉、成都、哈尔滨、郑州、大连、深圳、杭州、石狮、西安等城市都举办过时装周。从影响力来看,除了北京、上海和广州这三大城市的时装周以外,深圳时装周虽然举办的时间较短,但其影响力却比较高,受到了业界的好评。

(一)中国国际时装周

中国国际时装周即北京时装周,是国内历史最悠久的时装周。北京时装周自1997年创办至今,每年3月和10月,分春夏、秋冬两季在北京举办。北京的中国国际时装周凭借其业界的地位,吸引来自全国各地的设计师和品牌参与其中,为北京时装周的发展不断注入新鲜的活力和血液,同时也激发了设计师的创新能力和不断追求更高设计境界的热情。北京时装周的权威性是不容质疑的,常常吸引很多大牌媒体争先报导。为了肯定服装设计师的努力和激励新锐设计师进行创作,时装周举办方还会授予优秀设计师和其品牌国家级行业荣誉的证书,更加激发了设计师进行创作的热情。

(二)上海国际时装周

上海国际时装周自2001年创办,作为中国原创设计发展推广的优化交流平台,最初以作品发布为主,一步步地发展到扮演连接整个时尚产业链的角色,吸引了众多海内外优秀设计师及其品牌的参与,还有诸多慕名而来的买手,尤其是每届时装周主秀场的首场秀演,都由本土原创品牌担当。与此同时,上海国际时装周还着力为国内设计师大力搭建商业平台,将创意设计与商业市场并重。

(三)广东国际时装周

广东国际时装周自2001年创办,其坚持市场化、商业化运作的模式,发展出自己的特色道路,高端、大气、接地气是其特征。除T台秀以外的展览、论坛、设计大赛、评选等丰富多彩的活动,带动了整个广东服装产业的多元化升级。随着参展品牌的加大,场次的增多,举办的地点也不再仅仅局限于初期的花园酒店,而是扩展到多处场馆举行。

(四)青岛国际时装周

青岛时装周自2001年以来,从一个最初独立的展会,慢慢地走向举办大型时装T台秀以及展馆多样化的展示道路。青岛国际时装周举办期间会邀请知名设计师、服装品牌、名模、名人明星召开时装发布会,除此之外还会主动邀请市民参与,在全市大型的商场开展博览会展场活动,在全市范围内形成了一个联动的流动性时尚舞台,在加大时装周宣传的同时也让民众更加了解时装周,激发民众参与支持时装周的热情,营造出全民参与的节日氛围。与打造权威、高水准的中国国际时装周,注重国际化的上海时装周以及打造亚洲最大时装周的广东时装周相比较,青岛国际时装周的定位则是"打造未来时装大师的设计摇篮"。

自时装周创办以来,品牌意识、时尚意识和文化意识渐渐植入了我国服装行业。时装周作为聚合时尚文化产业的展示盛会,具有艺术价值和商业价值,一般都在时尚文化与设计产业发达的城市举办。专业发布、时尚论坛、文化沙龙等为整个时尚行业的发展注入了鲜活的思想灵魂。纵观时装周的活动环节,聚集了时尚人物、品牌、商业、传媒、风格潮流等精华元素,带来的传播效应远非其他商业模式可比。

近年来,国内外各大都市都在努力发展自己的时尚产业,时尚产业在城市建设中也起着非常重要的作用。国外四大时装周发源时间早,在漫长的历史发展过程中都已经形成了自身独有的特色和发展模式,其产业链完备,影响着全球时尚的风向标。与国际四大时装周相比,中国的时装周起步晚,发展历史较短,目前政府已加大了对时装周的扶植力度,着力培养本土设计师的水平,提高时装周的专业化程度,完善时装周的运营模式,产业链日趋完善。作为服装品牌、生产厂商、设计师、时尚人士等展示创意设计、发布最新时尚产品的平台,时装周与时尚城市之间相互促进,慢慢成为都市的时尚产业推动器。

第八章

服装表演的专业人才培养

第一节 我国服装表演的人才培养现状

一、我国服装表演的专业人才培养背景分析

我国的服装表演行业起步晚，商业化运作模式相对单一，在服装表演人才培养方面，则通过高等教育和时尚机构2种方式开展。

1989年，原苏州丝绸工学院（后更名为苏州大学）首次开设3年制大专服装表演专业。随着服装表演行业的迅速发展，有研究者统计表明，截至2020年，我国共有近百所高校先后开设服装表演专业。从人才培养的目标看，我国高校服装表演专业的开设，旨在培养高素质的服装表演人才；从能力结构看，我国服装表演专业人才应兼具时装表演、形象设计以及服装设计与管理能力，毕业后既可以从事模特、表演策划，也可以从事形象设计以及服装设计、管理等相关工作。有研究者把我国服装表演专业的发展历程划分为酝酿、起步、发展和兴盛4个阶段，并认为21世纪以来服装纺织业及时尚文化产业的繁荣与壮大，极大地刺激了市场对于服装表演类人才的需求，是我国服装表演专业得以兴盛的推动力，而人们日益增长的对服装艺术美的追求，则推动了服装表演专业的进一步发展。在短短30年时间内，我国依托各高校和时尚机构逐步形成了多元化、多层次的服装表演人才培养体系，为服装表演行业的发展提供了坚实的人才保障。

二、我国服装表演专业人才培养的现状

在服装表演活动这一产业专业化分工体系中，已发展出模特教育、模特经纪管理、模特大赛、品牌代言、广告、会展经济等相关经济活动，逐渐形成模特表演—经纪—企业的产业链模式。模特是商业活动的宠儿，在商业活动中通过对产品的塑造，不仅促使商品走俏，而且以模特产业为主体的美女经济更是娱乐经济中的亮点。据相关资料统计，模特产业年产值达50亿元。模特产业在中国正以前所未有的高速度迅猛发展，并逐步走向国际舞台。

目前，模特产业的需求与发展更趋向国际化、职业化、多元化。因此，对于高等教育服装表演专业的培养模式从素质要求、专业的表现、实用性等方面提出了更高的要求。模特表演专业的学生自身的先天条件固然重要，但专业化的教育方式能给予学生不同的知识技能，是提升学生专业水准与文化修养的必要条件。

在我国，模特培训主要有两种形式：高等院校或职业高中设立的模特专业培训（如东华大

学、北京服装学院、西安工程大学的模特表演专业）以及时尚机构的培训。

从我国开设服装表演专业的院校来看，发展至今已有百余所，除了纺织服装院校，农业、体育、工业等院校也陆续开设了服装表演专业，并且根据不同院校的特点，构建了符合本校特色的培养模式，全方面地培养服装表演专业人才。这些学生不仅要学习职业技能、参加形体训练，还要学习英语、计算机、音乐舞蹈等，这都有助于提高年轻服装表演人才的综合素质，增强专业技能。

而时尚机构的培训是指当前许多模特公司实行模特培训与模特经纪一体化经营模式。这些公司既能在培训中发掘新人，又能在找到有市场价值的新人后对其进行针对性培训和包装、推广。在全球化的道路上，中国服装表演专业根据自身的优势和特点，逐步开始了文化氛围和文化底蕴的塑造。

三、服装表演的专业人才培养目标

随着我国各院校和时尚机构服装表演的专业人才培养规模的日益增大，相关从业人员的综合素质以及整体水平逐渐提高。我国社会经济的迅速发展要求服装表演专业人才有更高的文化水平、综合素质以及职业能力，从而符合社会的需求。因此应加大培养力度，使服装表演人才能够发展为"能演、能说、能设计、能编辑、能策划、懂营销"的知识型全方位人才。因此，无论是院校还是时尚机构应合理设定服装表演专业的复合型、应用型人才的培养目标，并能够与社会需求相适应。此外，要按照不同院校、不同时尚机构的专业优势、地域优势以及其市场的特点，从人才培养的方面着手，制定一些具体的人才培养目标。

（一）时尚前沿型

时尚前沿型人才通常具备超前的时尚嗅觉及视野，能够准确把握国际流行时尚趋势，并能对具体的服装表演进行时尚化的创意构思设计。同时，此类人才应当具有良好的语言表达能力以及外语应用能力，最好同时掌握2门及以上的外语，以便能够及时收集世界顶尖时尚信息。

（二）应用技能型

应用技能型人才，要求熟练甚至精通行业内某一专项。其培养方向应因材施教，根据具体情况及实际情况进行有侧重的培养。作为应用技能型人才，要以精通的技能作为看家本领，并熟悉技能当前发展情况，紧跟理念的革新，同时对其他方面有基础性的了解。

（三）基础发展型

基础发展型人才要具备丰富的实践经验，熟悉各个环节，能够胜任每一项工作。作为基础发展型人才，其培养方向应以基础技能教育为主。此类人才应具有良好的岗位适应性，能够适应不同岗位的工作特殊性及特定性，以保证在基础能力过硬的前提下，进行有效的工作。

（四）理论研究型

理论研究型人才要掌握表演专业以及相关学科基本技能、方法与理论，且具有一定的马克思主义理论高度，能够在高校或研究机构从事研究型工作。理论研究型人才要面向行业技术发展前沿，能够对知识进行系统的整理分析和再传播，能够独立从事研究实践活动并取得有价值的研究成果，并在这个过程中起到知识创新和创造的作用。

第二节 我国服装表演的专业人才培养模式分析

一、高等院校服装表演的专业人才培养模式分析

我国的服装表演业起步晚，但发展迅猛。20世纪80年代，北京、上海、广州等各大城市相继出现了服装模特表演形式。模特表演的初期是为各省市服装公司服装出口以及内需销售而做的展示活动。1989年，国内高校首次设立服装模特表演专业，服装表演专业逐渐进入了高校的课堂。经过几十年的发展，服装模特表演在高等教育领域里的培养内容，也在不断地完善与发展。不同的院校结合自己不同的优势和区域资源，开设了各类教育模式适应社会发展，设立以经济产业、文化产业发展为依托的新型多样性的模特表演艺术专业。全国各高等院校在服装表演专业培养中都有与其他院校不同的培养目标和培养方向，所以其在培养服装表演专业中的定位和模式都有着各自的特色。

（一）不同专业背景下的服装表演专业人才的培养模式

开设院校以艺术设计学为背景建立的服装表演专业，一般结合了服装艺术设计和服装表演艺术2大艺术门类。服装设计与表演艺术是一门高度综合的整合艺术，是具有多维性和动态性的时空艺术，还是一种以服装功能质量和服装展示为主要研究对象的系统科学。其主要培养目标是具备服装表演、服装设计及营销理论知识和实践能力，能在服装表演、服装设计等教育、研究、艺术、管理和商业领域等相关部门从事表演、教学、艺术设计、营销管理等方面工作的高级应用人才。主干课程有服装表演、舞蹈基础、形体训练、服装表演编导与组织、形象艺术设计、服装市场营销、商务礼仪文化、广告表演策划、服装效果图、服装设计基础、中外服装史、服装设计原理、计算机设计基础等。西安工程大学、东华大学、武汉纺织大学、中原工学院等高校开设的表演专业（服装表演方向）就以服装表演课程为基础，结合其他服装类相关课程。

服装表演专业早期开设之时，多数是高校挂靠在艺术设计或是舞蹈表演等专业下的一个专业方向。随着时尚产业的迅速发展，服装表演行业更加趋向国际化、职业化、多元化，使得高等院校服装表演专业的人才培养必须顺应时尚发展新动态，与市场紧密结合，按照新业态的需求培养人才。各高校服装表演专业都进行了积极的探索。虽然各个院校现在所开设的课程根据人才培养目标略有不同，但服装表演专业人才的培养大都面向时尚产业和文化创意产业，培养具有艺术审美能力、创新与发散思维能力、专业知识应用能力的高素质应用型人才。各个高校服装表演专业也会结合自己的实际情况发展专业特色，服装表演人才的培养已经呈现出多元化、多层次的特点，各个学校会结合各地区的区域特征和资源优势设定相应的培养目标。各校服装表演专业有不同的专业特色，除了服装表演专业通用的形体训练、舞蹈基础、镜前造型、基础台步、服装表演编导等课程外，有的学校将服装表演与时尚传播概念相融合，从整个时尚产业链入手，在传统服装表演相关课程的基础上还开设了诸如时尚传播与公关、时尚品牌管理与推广等时尚传播类的课程；有的院校开设了影视编导基础、戏剧表演基础理论、台词训练等戏剧与影视学科基本的课程外；有的院校开设了消费心理学、营销策划、管理学、对外贸易等管理类课程。各学校也会根据培养目标细化专业方向名称，如表演（服装表演）、表演（广告传播）、表演（时装表演艺术）、表演（时尚展示与传播）、表演（服装表演与营销）、表演（服装表演与策划）、表演（时尚表演与推广）、服装与服饰设计（时尚造型与表演艺术）、服装与服饰设计（服装设计与表演）、表演（广告表演与商务礼仪）、表演（服装表演与形象设计）等。

（二）艺术类高考服装表演（模特）专业考试内容、形式及要求

普通高校艺术专业招生考试（服装表演专业考试）是全国普通高考的重要组成部分。各学校招生考试主要通过测试考生是否具备服装表

演类学生基本的素质（体形、相貌、气质、文化基础、职业感觉、展示能力），选拔出具有服装表演类专业基本条件和学习潜能的合格新生。

按照教育部考试规范要求，2024年普通高等学校艺术专业省级统考表（导）演类服装表演方向，考试按照如下内容进行：

1.考试科目及形式

根据专业特点，服装表演类专业通过面试方式对考生进行测试。考试科目由形体测量、形体观察、服装表演台步、才艺展示、口试、即兴创作等科目组成（表8-1）。

表8-1　部分服装表演类专业考试内容

考试科目	考试形式
形体形象观测	面试，测量考生的身高、体重和三围，考生着泳装上台，以正面、侧面和背面3个方向按规定进行形体展示
台步展示	面试，考生着时装，根据考场提供的统一音乐，逐个登台进行台步表现。考生着生活装完成步态、转身、造型等台步展示
才艺展示	面试，主要考查考生的节奏感、乐感和艺术表现力，评价考生肢体的协调性和灵活性。
口试	面试，考生自我介绍

2.考试科目的内容、形式及要求

（1）形体形象观测

a.考试目的：主要考查考生形体比例、肢体的匀称性、协调性及肤质等方面的状况，评价考生专业外部条件及形象气质等。

b.考试形式：考生完成形体测量（测量方法与要求附后），然后5～10人一组进行正面、侧面、背面体态展示。

c.考试要求：要求赤足、着泳装，其中女生着纯色、分体、不带裙边泳装，男生着纯色泳裤。

（2）台步展示

a.考试目的：主要考查考生服装的形体表现力、协调性、韵律感、节奏感等方面状况。

b.考试形式：5～10位考生为一组，按序进行台步展示；

c.考试要求：考生着生活装完成步态、转身、造型等台步展示过程，女生须穿高跟鞋。

（3）才艺展示（包含自我介绍）

a.考试目的：主要考查考生的节奏感、乐感和艺术表现力，评价考生肢体的协调性和灵活性。

b.考试形式：考生先以普通话自我介绍，不可透露姓名等个人基本信息，时长不超过1分钟；然后从舞蹈、健美操、艺术体操等体现肢体动作的才艺中自选一种进行展示，时长不超过2分钟，服装及伴奏音乐自备。

c.考试要求：展示必须从舞蹈、健美操、艺术体操中自选一项，服装自备，背景音乐自备，限时2分钟以内。

注：以上各科目考试中，考生不可化妆，不穿丝袜，不得佩戴饰品及美瞳类隐形眼镜，发式须前不遮额、后不及肩、侧不掩耳。

二、时尚机构服装表演专业人才培养模式分析

时尚机构对服装表演人才培训分为两种形式：

（一）拥有专门的培训中心对有意向服装表演业发展的人员进行培训

这些培训机构在满足年轻追梦模特行业的人对于专业培训需求的同时，还努力挖掘新人。

（二）对旗下签约模特的培训

目前国内大型模特公司逐步走上正规道路，如东方宾利文化传媒有限公司旗下的很多模特就是科班毕业。签约前便接受过专业训练，之前没有受过专业训练但有潜质的新人签约后，也会得到有针对性培训的机会。还有一种形式，就是在业务中锻炼，比如有业务时接受的急训，在形体训练大厅、前往面试路上，被告知应如何达到具体客户的业务需求等。模特平时并不在公司内，有业务时才被召集起来，这种松散管理在一定程度上容易造成被挖角的问题。

模特培训学校和模特经纪公司作为模特产业链上密不可分的2大板块，在培训职能上联系非常密切。学校经常会向经纪公司推荐优秀学生与公司模特一同去参加客户的面试，公司也

从表现优秀的学生中发掘新人，有的模特经纪公司甚至直接与表现优秀的在校学生签订该学生毕业后进公司发展的协议。

国内的培训工作在实践中逐渐明确了考核标准，努力完善培训和鉴定体系，明确了服装模特行业的3个职业等级。但国内并没有形成专门的等级考核机构，相关配套机构也相对滞后。国内模特依然只能在各省市的职业鉴定中心考取模特资格证书而非等级考核证书。学校也并不以国家职业标准来作为培养准则。模特的职业生涯短暂，他们宁愿将考级的时间和精力用来参加大赛、接拍广告、走秀。中级、高级的要求对于如今绝大多数模特来说有不小的难度，而模特考核初级证书与模特资格证书代表的模特水平并无高下之分。最关键的是模特行业这一市场导向型产业的性质决定了具有市场价值才是衡量模特的第一标准。经纪公司、客户面试模特时仅凭自己的阅人经验和模特的从业经验进行筛选，而不是看模特得了多少冠军、取得哪些证书，而且模特行业与其他工种不一样，其掌握的技能随市场变化而变化，艺术类工作无法以严格标准来衡量。

第三节　我国服装表演人才职业化发展路径

一、服装表演的专业人才职业化发展改革必要性

我国服装表演行业的发展速度相当迅猛。尤其是近几年，由于我国对各类服装表演专业人才的发掘与培养越来越专业化、力度越来越大，时装模特在国际上所取得的成绩也越来越好，所获得的赞誉越来越多。于是，报刊、电视、网络等视听媒体开始对时装模特及其表演展开了全方位、多角度报导。这样大力度的宣传一方面使人们日益熟悉、关心这一时尚行业，从某种角度促进了模特行业的快速发展；但另一方面，过度的宣传报道又使人们误入眼球经济的误区——"闻曰服饰，言必模特"，即在一般观众的观念中看时装表演似乎就是看时装模特，广大观众经常是将原本作为服饰艺术表现载体的时装模特当成秀演的重点来欣赏，而忽视了服饰艺术这个重要的艺术表现主体。服装模特成为服装行业中发展神速且备受瞩目的职业，随之衍生出诸多现象和问题，从而渐渐显示出服装表演专业人才职业化发展的必要性。

随着服装行业近几年与国际的接轨，各个品牌发布会的数量增多，国际各大品牌在全球市场的推广营销，各大名品的时装发布会数量明显增多，举办地点已不局限于巴黎、纽约、东京、香港等城市也纷纷晋升于世界服装之都的行列。每年国际国内时装周一个接一个。随着中外交流的不断深化与发展，北京、上海等地也逐渐步入国际服装之都的大舞台。世界各大品牌聘请了大量中国模特来走秀，目的之一是瞄准中国消费市场，增加与中国消费者的亲和度。这也反映了一个现象：市场对于服装表演专业人才职业化需求越来越明显，越来越迫切。

当市场经济对行业的作用日趋明显之时，服装表演业职业化经营程度就应该越高。从计划经济到市场经济，服装表演专业人才从最初简单的时装表演队转向高等院校、时尚机构专业培养，应该说是市场教会了培养者如何走进国际社会，如何规模经营，如何多元化发展。服装表演业向着日益专业化、产业化和职业化的方向发展。服装表演业发展的土壤是非常肥沃的，相应地，模特职业化也应该有很大的发展空间。服装表演中的模特职业化需要正确的培养、引导、监督，并且要形成一整套制度化、规范化、科学化的管理机制。服装表演相关专业人才的职业化是一个系统过程，除了对模特提出要求，对相关培养、管理、推广机构及从业人员都提出了更高的要求。

二、高校服装表演专业人才培养改革方向

（一）服装表演专业综合性知识构建与综合型人才培养

我国服装表演专业发展至今，其人才培养模式已各自具有优势和特色，但是培养对象的整体水平和综合素质还不是很高。要想提高服装表演人才的综合素质，就必须提高其综合文化水平，辅助其把握未来的发展方向，培养其职业能力。

近年来，随着高校服装表演专业的普及化和扩招，服装表演毕业生就业形势十分严峻，学生选择从事本专业的想法也更加理性化。他们担心"青春饭"吃完了怎么办？担心自身条件不够优秀，不能在行业中出类拔萃，面临很快被淘汰的悲惨结局，等等。培养新一代综合型服装表演人才，既是院校的责任，也是服装表演业内人士的愿望。

在这种背景下，有专家提出了"服装表演人才的综合性"的新理念，即"能说、能演、能策划、能编辑、能设计、懂陈列、懂营销"的知识型、多元化人才。他们既能在T台一展风采，又能作为主持人、广告人、职业策划者、企业的设计助理、营销人员等活跃在社会各个领域中。综上所述，要想提高高校服装表演专业人才的综合性才能，培养出具有扎实专业知识的人才，必须要在教学中帮助学生构建综合性知识体系。

1.加强和完善专业课程综合化设置，注重多学科交叉

服装表演专业课程设置口径应该尽可能随专业的辐射范围加宽，课程设置偏窄会直接影响毕业生的社会适应性。因此，高校的教学体制和办学理念应按照教学规律的要求设置课程，针对社会和企业的需求培养人才，密切结合学科建设的发展来完善专业课程综合化设置。只有这样，才能使高校的教育得到社会的认可。

为此，高校的教学应以"厚基础、宽知识"为宗旨，培养学生成为知识面宽广、分析问题逻辑性强、解决问题方法多的高质量人才。但是，也不要把高校的专业教育和社会的职业需求合为一体，过分强调专业的特殊性和特色，导致高校的办学方向越来越窄，严重影响学生毕业后的就业。服装表演专业课的设置直接影响本专业的教学任务、教学目标、人才培养质量等方面，是极其重要的教学基础工作。在改革课程设置结构体系时，应强化、综合化专业课程的设置，理论与实践结合，从社会的需求来设计课程体系，把课程设置从传统的深入型改为横向宽广型，强调厚基础课的重要性，提高学生社会就业能力的宽广口径，淡化专业的局限，避免专业偏单一、偏狭窄，加强专业的互动联系和学科之间的联系，建立多学科复合教育的课程体系，以服装表演专业课程为主体，辅以时尚传播、服饰文化、艺术审美、礼仪修养以及社会文化等综合学科知识的融入，调动学生学习的主动性，进一步发挥学生的创造性思维，更好地促进高校全面提升学校特色，提高人才培养效率。如针对综合素质的培养开设中西方文化研究、心理学、模特社交礼仪、综合能力训练等课程，针对服装时尚产业的发展开设奢侈品管理、时尚营销管理、时尚新闻学、橱窗陈列等课程，针对文化创意产业的发展开设文化产业概论、文化产业政策与法规、文化资源学等课程。

2.改革和更新教学内容、方法和思路

经过30年的发展中，服装表演专业的教学目标有了一定的发展方向，但是与其他艺术专业相比还有很大的差距，特别是专业的教学内容、教学方法较为陈旧，学生的学习内容主要就是走台，课堂氛围单调、乏味，无法提升学生学习的主动性。

因此，服装表演专业必须进行深入的改革创新。高校教育一个明显的发展趋势，就是人文科学和自然科学相互交叉、融合，学科向综合、交错趋势发展。因此，改革创新也应基于这一点建立目标，教学的内容要更加多元化，方法上以引导创新思维、培养学生的兴趣和主动性为主，使教学适应专业划分融合兼并的新走向，全面提高学生素质，培养能满足社会需求的复合型人才。

（二）服装表演专业人才多元化培养模式探索

20世纪90年代，服装表演进入我国高校，成为高校艺术设计学旗下的服装设计姊妹专业之一。随着与现代化服装文化的结合，高校服装表演专业迅速发展，成为世界服装文化艺术与人体艺术完美结合的最有魅力、最有市场、最有发展潜质的新型艺术专业。在我国，服装表演专业有着巨大的市场和发展前景，根据高校服装表演专业的性质和在市场上的特殊优势。通过市场与实践的融合互动，使高校的培养目标更贴近社会、贴近市场。如通过学校与时尚机构直接签约、与市场直接对接的操作方式，实现与行业联合培养模式，整合服装表演专业的实践课程，建立实践合作关系。

对于服装表演专业的一些特点，如传统教学形式单一且资源有限、一些学生因利益驱使擅自承接演出，以及校企合作机会具有较大的随机性等，可利用校外实习场所，建立"校企一体"的能力培养场所，带给学生"工学结合"的有效环境。同时，对校外实训场所的规模进行拓展，制定并调整人才培养方案，使专业实训课时比例提高。此外，采取"院校—企业—个人"联动的管理方式，开展"联动式"教学，从而拓展人才培养途径，使企业化培养氛围更强、专业特点更显著。比如可以采取以下做法：在每年两季时装周期间，开展半个月校外实践课程，并与企业以及经纪公司协调配合，在一定程度上使学生的就业能力以及从业经验得到提升。服装表演专业必修的所有课程，都使用单元课程的方式进行集中讲课，在这个过程中与社会企业进行对接，主要以校外实践活动教

学的形式，将学生的就业能力、学习能力以及创新能力提升，从而使人才培养途径与培养方案能够同人才培养规格以及培养目标更好地互相协作，并与行业需求相符。

充分发挥学院良好的人文与艺术环境和时尚机构丰富的职场艺术实践的社会资源，为学院模特专业的高等教育素质培养注入活力，共同锻炼培养模特的职业意识，提升服装感和舞台感。高校与时尚机构联手，共同培养并推出新人，是模特成长发展的希望之路。

（三）基于国际化视野下的服装表演专业人才培养

从当前国内高校以及时尚机构服装表演专业的人才培养现状来看，无论教学体系还是实践手段，依然没有较大的改观，仅是被动地跟随着服装产业的变化对服装表演专业教育和人才培养的方式进行一些局部的优化，忽略了国际化背景下文化、时尚、传媒等产业的迅猛发展对服装表演专业人才提出的更新、更高的要求，从而限制了服装表演专业人才的职业发展。

高校表演专业人才的培养应建立开放环节下的人才培养机制，首先应该使学生具有国际化专业思维意识和思想格局，为学生创造接触、参与国际实践的机会；其次，使学生具备行业国际竞争力的服装表演技能，加强与国际知名模特机构的合作，使学生的表演技能符合当下时尚行业的要求；再次，加强学生英语方面专业语言的训练，使其具备较强的跨文化沟通能力，可尝试在相关专业课程进行双语教学；同时，应丰富课程内涵构建出适合国际化发展的人才培养方案，使其具有参与国际专业表演创作活动能力。

三、服装表演专业人才职业化发展路径探索

所谓"职业化"，就是一种工作状态的标准化、规范化和制度化，即要求人们把社会或组织交代下来的岗位职责专业地完成到最佳，并准确扮演好自己的工作角色。

通过以下几个方面来探索服装表演专业人才职业化发展的路径。

（一）专业组织载体

1. 行业工会

服装表演行业是由艺术催生，却由商业推动的行业，随着世界各国经济文化交融速度的加快和程度的加深，模特作为一种职业，在国家的文化交流和商业经济社会中扮演着越来越重要的角色。行业工会是社会经济发展到一定阶段的产物，是为维护行业的利益和更好地推动行业的发展而建立的组织。各地区模特行业协会（学会）就属于这样的组织。目前中国模特行业管理体制尚不够健全和完善，究其主要原因，是在处理模特个人、模特之间以及模特与经纪公司之间的关系等方面，国内极度缺少维护行业权益、协调各方矛盾纠纷、给予相关法律指导及援助的组织。因此，模特这一群体在业内仍处于弱势地位，如品牌、企业、设计师支付给模特的薪酬额度普遍偏低，模特的投入与回报得不到相应的平衡，商业价值远未得到充分体现等。此外，当模特遇到困难或合法权益受到侵犯时，往往缺乏相应的帮助及保护（包括仲裁、诉讼等）。因此，完善行业工会的组建、运作，明确权利与责任的相关规定，再通过理论与实践的验证和政策的支持，上升到法律层面的规范和保护等措施势在必行。

中国服装设计师协会职业时装模特委员会目前是中国服装表演行业最具权威性的行业工会组织，它是中国优秀职业时装模特和模特经纪人组成的专业团体。主要职责是制定职业时装模特专业等级标准；维护时装模特市场秩序和公平竞争；开展国内外服装表演业界的交流与合作；承办中国服装设计师协会举办的模特赛事；选拔、培养模特新人，为委员单位提供有关中介服务。

作为服装表演专业人才职业化发展的组织载体，行业工会、协会应该相互联动，彼此配合，共同制定和完善与职业化相适应的行业管理机制，继续深化我国模特职业化体制改革，加大促进模特产业的发展力度。各行业工会之间应当自觉维护行业声誉，以法律法规和职业道德规范从业行为；同时尊重同业、公平竞争、团结互助，关注社会公益；不贬低同业的专业能力和水平，不诋毁同业，不采用其他不正当

手段与同业竞争。只有明晰行业的分工，确立行业的文化构架体系，才有助于形成模特行业的统一形象和示范。做到如上所述，行业行为才会逐步渗透到每一个从业个体当中，使从业者自觉地规范自身行为，展示出具有专业素养和高水准的职业形象。行业协会组织大大增加了地区性和国际性的时尚行业活动，促进了服装表演的发展和职业化进程。

2.模特经纪

作为服装表演行业的重要组成部分，模特经纪是市场流通体系中的重要桥梁及纽带，其水平的高低和发展的好坏对于模特产业的发展至关重要。在欧美发达国家中，模特经纪早已发展成为一个非常成熟的产业，相对而言，中国的模特经纪市场尚不够成熟和完善。国内模特经纪的专业化程度较低，其中主要表现在模特经纪公司和个人两个方面。

首先，随着时尚行业的发展日趋多元化，国内对于服装表演市场的需求也随之扩大，因此，模特经纪公司的数量与日俱增，大大小小的模特经纪公司不胜枚举，它们的出现和发展为模特产业和文化事业的繁荣发展提供了广阔的平台。但是目前部分公司缺乏规范的管理及监管制度，在企业营销策略、运营理念、人才定位等方面都还存在着一些问题。模特公司应该能够运用多样形式实现模特发展市场化、价值最大化，并实现全方位包装、培养、输送。法国、意大利、英国、美国等国家的模特经纪人专业化和集聚化程度都比较高。两相比较，国内模特经纪公司的经营专业化程度有待进一步提高。

其次，缺乏危机公关意识以及过分注重短期效益，缺乏长期营销理念，是当前的模特经纪业普遍存在的问题。目前国内经纪人入行门槛较低，职业化和专业化程度相对不高，缺乏相关的考核监督机制，大多数从业者从其他行业凭借兴趣转行而来，存在年龄、文化层次较低，经验不足，无法良好地应对职场人际关系等问题，这些对于模特的职业规划和长期发展以及行业的规范都非常不利。同时，许多经纪人的工作重心都在初级事务上，如处理简单事务、推荐接洽、解决纠纷等，对模特的角色评估、长远规划、跨界发展等纵、横向联合推广

方面罕有涉及。这使得模特经纪人的概念、身份与职责愈发模糊，在大众眼中甚至是模特眼中，经纪人与保姆、会计，甚至保镖混为一谈。此外，经纪人的业务能力、自身素质良莠不齐，普遍存在资信度偏低等问题，都在一定程度上导致了模特市场发展的不景气。

因此规范模特经纪，使其纽带作用得到最大发挥，就要求各个经纪公司在工作中遵循行业规范：公司应该维护模特尊严、人身安全和工作待遇等基本权益；不为建立签约代理关系对模特进行误导；应维护行业价格，不以明显低于同业价格水平或零费用竞争业务；应依法纳税，对签约和代理模特代扣或代缴个人所得税；不要求模特出席具有公关性质的私人聚餐及娱乐活动。

对于模特代理的工作，如果代理其他经纪机构或院校模特的工作，应当在其他经纪机构或院校书面确认的授权范围内进行；有意使用其他公司的签约模特，须以书面形式与其他公司确认项目、时间、费用、结算方式等内容；未经书面许可不使用其他公司的签约模特。

在模特经纪的相关工作中存在各机构模特转约的问题，经纪公司应保障模特基本权益，通过开拓业务不断提高模特收入，对合约期内无法保障模特的基本生存及增加收入，导致模特提前申请解约，不能以超长合约年限为由恶意扣留模特，保障模特在成员单位之间的合法转约；不接收（签约）其他公司合约未到期的模特；有转约意向的模特，需提供与原公司的解约合同，新公司方可接收；接受转约的经纪机构应排除不正当竞争因素，不授意、纵容或协助转约模特和经纪人从事有损于原经纪机构利益的行为；对未与任何公司签约的模特，不予使用。

对于经纪公司来说，要加强团队建设，提高业务专业化能力，从而扩大公司规模、提高运营效率。对于经纪人个人而言，要进一步增强继续教育，加强个人的专业素养，从而提升整体业务水平，向职业化、标准化、规范化实现进一步的跨越。

（二）职业市场载体

一般情况下，服装表演行业业务领域分割

性越明显，则职业化发展水平越高；业务量越高，则职业化水平越高；高峰期越明显，服装表演专业人才的职业化特征也越突出。得益于优越的区位因素，国内重要的几大时装周及各类时尚发布会大多集中在北上广等地区，所以国内从事服装表演行业的专业人才也基本汇聚于此。

服装表演专业人才的职业特点是通过自身媒介功能起到宣传展示产品的作用，所以必须依托产品才能发展。除了在服装领域之外，他们在其他领域涉足的范围也相对较广，如汽车、房地产、奢侈品等行业，以及与时尚产业联动运作的赛事和娱乐影视等方向。因此，服装表演行业发展状况与职业市场产品的兴衰休戚相关。

（三）职业知识与职业技能

就职业知识与职业技能方面来说，从高等院校的服装表演专业走出来的专业人才具有相对明显的优势。高等院校开设的服装表演专业一般都设置以下几个方面的课程：通识教育课、学科基础课、专业基础课、专业核心课、专业实践课、专业选修课及其他等。

文化课、专业科与实践课兼顾的课程设置，说明高等院校在培养服装表演专业人才时非常重视职业知识和技能的均衡发展。因此，从高等院校时装表演专业毕业的人才素质能得到普遍的认可，她们在行业中脱颖而出的机会相对较多。可见，职业知识和职业技能的培养确实很有必要。

服装表演人才职业化的发展现状，需要服装表演职业培训或相应职业教育体系与职业化发展的水平相一致。这不仅可以为规范和促进服装表演行业的发展提供方向，同时也有助于当前服装表演专业人才职业化培训和专业化教育的定位，从而进一步加快职业化前进的步伐。

目前，我国服装表演人才的职业教育主要通过培训机构和院校培养这两种模式得以实现。社会培训机构通常以模特公司或企业形式介入教育市场，以商业经营为根本目的，重实用，不注重培养，以向各高校输送艺术生源及向经纪公司输送签约模特为目标的团体组织。但由于培训时间较短，培训内容一般比较单一。相比之下，院校培养模式在课程设置与人才培养方面比较系统和成熟。尤其是高校的服装表演教育，皆在培养适应社会发展和市场需求的人才，挖掘更多文化产业及创意时尚产业相关的高水平复合型人才。可以肯定地说，高校服装表演教育进入学术领域的飞速成长，给中国服装表演业发展提供了一个更专业的助推器。据调查，在国内排名最靠前的几家模特经纪公司中，受过本科教育的模特占公司总比例的70%。而在这些群体中，出自高校服装表演专业的学生或毕业生，高达总人数的50%。在现今中国顶尖的模特公司当中，有至少一半的模特接受过服装表演专业高等教育。除此之外，高校同时培养了大批模特教育、时尚编导、形象设计、服装设计与管理、市场营销、时尚媒体公关、时尚品牌推广等与时尚创意产业相关的专门人才。当然，高校服装表演专业在进步与发展的同时，仍有许多薄弱环节需要解决，诸如教学内容的丰富性与实用性有待提高、课程设置与教学模式有待创新、专业实践力度以及与市场的结合仍需加强等。

（四）职业道德与职业素养

服装表演行业的从业者形象与从业者的职业道德有着密切的联系。因此，要求从业人员在持续的发展过程中，不断完善个性特征和人格心理，形成高尚的品德和正确的职业操守。行业和从业者都应以此作为出发点，共同致力于职业行为的正确引导，从业人员首先要注重提高自身良好的道德修养、职业素质；此外，还需要遵从行业严格制定及规范道德准则，实现约束从业人员行为、维持行业秩序的作用。

参考《中国文艺工作者职业道德公约》，现今的服装表演人才的职业道德准应包括以下内容：

（1）热爱祖国，遵纪守法，爱岗敬业，自尊自爱；

（2）加强社会责任感，创造高尚的艺术形象，坚持健康的艺术趣味，反对低级庸俗；

（3）以严肃认真的态度对待创作和演出，讲究艺术质量；

（4）自觉加强艺术修养，学习中外文化艺术的优秀遗产，外事交往中不卑不亢，不辱国格；

（5）尊重民族风俗和传统习惯；

（6）刻苦提高职业技能，不断提高专业水平；

（7）遵守行业规则，履约守时，积极合作；

（8）讲究仪表，举止文明，尊重他人；

（9）严格要求自己，树立高尚情操，树立正确的世界观，反对虚荣攀比；

（10）加强法律意识，遵守合同条款；

（11）掌握相关法律知识，了解合同法、税法、广告法、劳动法的相关知识以及民法中有关隐私权、肖像权知识。

职业素养缺乏现象会导致服装表演从业者出现道德问题、素质问题，当然这是诸多因素综合作用的结果。如行业缺乏规范的职业素质教育体系、职业技能评定标准以及行业管理条例，从业者缺乏自律、敬业精神，等等。可喜的是，鉴于中国服装表演专业人才职业素养薄弱的问题，中国服装设计师协会模特委员会于2007年制定了《职业时装模特委员会成员单位合作公约》，从同业自律、模特经纪、模特代理、模特转约、院校模特、外籍模特、少儿模特、山寨协会、督导机制9个方面向全体成员单位发出联合倡议，为进一步树立良好行业形象、提高从业人员职业素养提供了有力保障。该《公约》于2011年进行修订。

（五）职业认证与从业标准

职业认证是对从事服装表演相关职业所必备的学识、技术和能力的基本要求。从业标准是指从事服装表演相关专业（工种）学识、技术和能力的标准。以下列举一些服装表演行业常用的职业认证与从业标准。

1.《服装模特职业技能标准》

1996年，国家劳动部颁布《服装模特职业技能标准》，该标准由中国就业培训技术指导中心组织编写。书中主要介绍了模特应掌握的工作技能及相关知识，涉及服饰展演、镜前造型、商展服务、业务交流、培训等内容，该职业标准是衡量模特从业资格的依据。但由于多方面原因，该《标准》未得到推广与执行。

2.《职业时装模特等级核定标准》

2003年8月，职业时装模特委员会审议通过试行《职业时装模特等级核定标准》，之后职业时装模特委员会在中国服装设计师协会主办的各类行业活动中，对该标准不断修订和完善，

对模特等级分类、演出价格、赛事认定、年度评选等进行了一系列有益的探索，为规范模特演出市场起到了一定的指导作用。

3.《服装模特职业资格证书》

2007年4月，国家文化部、劳动和社会保障部颁布了演艺行业持证上岗规定，包括服装模特、歌唱演员、婚庆司仪在内的30多个职业。服装模特职业资格证书，又称模特上岗证、模特资格证，根据国家人力资源和社会保障部《招用技术工种从业人员规定》，职业资格证书是劳动者从事相应职业的凭证，作为劳动者就业上岗和用人单位招收录用人员的主要依据，在全国范围内通用，并可凭证在工作中享受等级待遇。

该证书分为初、中、高3级，不仅是对模特演出、签约公司的许可，也是国家对模特个人专业水平的权威认定，同时还是模特教育人员在开设该专业的院校、培训机构授课的许可。该证书在全国范围内有同等效力。

2012年7月，职业时装模特委员会负责人出席中国纺织工业联合会人事部召开的关于《中华人民共和国职业分类大典》模特部分修订工作会议，受国家劳动部委托，中国纺织工业联合会人事部承担该大典纺织行业里各类职业及工种的修订工作，其中涉及模特的部分明确交由中国服装设计师协会组织专家进行。之后职业时装模特委员会多次组织在京主任委员就模特的分类、名称及职业描述等进行细致研讨，为该大典的修订提交了很多细致分析方案。

4.演出经纪人资格证

根据《营业性演出管理条例》《营业性演出管理条例实施细则》和文化部印发的《演出经纪人员管理办法》的有关规定，国家文化部授权中国演出行业协会负责演出经纪人资格考试培训，负责组织实施全国演出经纪人员资格认定工作。

5.《演出经纪人员管理办法》

为依法规范演出经纪活动，加强演出经纪人员队伍建设和管理，保障演出经纪当事人的合法权益，促进演出市场健康发展，依据《营业性演出管理条例》及其实施细则的相关规定，文化部于2012年12月5日印发了《演出经纪人员管理办法》，该《办法》分总则、演出经纪资格证书、从业规范、监督管理4章共21条，自2013年3月1日起施行。该《办法》规范了演出经纪活动，加

强了演出经纪人员管理，明确了演出经纪活动当事人的权利与义务，保障了演出市场健康发展。

6.《高级演出经纪人管理办法》

《高级演出经纪人管理办法》是为规范演艺经纪活动行为，促进经纪人职业素养与职业道德建设，保障演艺经纪活动当事人的合法权益而制定的法规。2020年10月，该《办法》由中国演出行业协会演员经纪人委员会制定，于2020年10月10日正式实施。《高级演出经纪人管理办法》仅面向通过演员经纪人委员会申请持有高级演出经纪资格证书的相关人员。该管理办法所称演出经纪人员是指在演出经纪机构中从事演出组织、制作、营销，演出居间、代理、行纪，演员签约、推广、代理等活动的从业人员。

（六）法律法规与职业制度

一个行业进入职业化发展道路的主要标志就是相关法律法规的出台与职业制度的建立及完善，这是一切行业的行为准则，应该也必须与行业整体的运行发展相一致。服装表演在西方国家已有100多年的历史，经过前人的不断探索和总结，已经建立了一系列完备的法律法规以及行业规范。它是服装表演行业用于规范从业人员行为、实现行业控制、维持行业秩序的工具。完善服装表演行业行为规范，应以规范不同类型的职业意识为着力点，明确各个职业存在的价值以及职业意识，从而形成规范职业行为的一种约定俗成的行业主张、规则和标准，

同时成为衔接文化传播、具体专业流程和职责的纽带。行业中的每一个成员都是一个具有自觉能动性的实体，各有其维持自身存在和发展的需求及追求。

由于缺少相关法律规定，市场管理制度不够健全，目前中国模特行业，仍然存在着诸多弊端。如模特公众形象的建立和强化在很大程度上需要依靠媒体的力量，只有发挥媒体联动的效益，才能真正实现其价值。然而一些人或机构利用大众的猎奇窥探心理，依托媒体制造负面的热点话题引起大众关注，从而借势推广、扩大效应。这种极其低端的营销行为虽然给少数个人带来了利益，但对服装表演行业的大环境着实造成了道德素养等多方面的负面冲击，直接或间接影响到了整体健康运作的状态。又因为行业缺少相应制度规定，类似现象屡见不鲜。

随着服装表演行业文化架构体系的完善和行业职业操守的规范，建立合理的行业行为规范势在必行。进一步延伸和细化行业行为信条，形成行业行为规范的准则，用于指导和规范行业从业人员的行为方式，具有重要的现实意义。总而言之，行业法规细则的出台以及管理制度的完善一定会给维护单位和个人的合法权益提供法律依据，对规范市场起到积极的引导作用，为服装表演产业的运营提供良性发展的市场基础，为从业人员提供优质的拓展平台。

参考文献

[1] 中国服装设计师协会职业时装模特委员会.中国模特行业年鉴1979—2016[M].北京:中国纺织出版社,2017.

[2] 李玮琦.中国模特[M].北京:中国纺织出版社,2015.

[3] 袁杰英.时装模特表演艺术[M].北京:中国轻工业出版社,1997.

[4] 霍美霖,等.服装表演策划与编导(第3版)[M].北京:中国纺织出版社,2018.

[5] 李玮琦.服装表演学[M].北京:中国纺织出版社有限公司,2019.

[6] 肖彬,张舰.服装表演概论[M].北京:中国纺织出版社,2010.

[7] 王小群,李刚,等.服装表演基础[M].上海:东华大学出版社,2013.

[8] 周晓鸣.服装表演组织实务[M].上海:东华大学出版社,2010.

[9] 张舰.T台幕后时尚编导手记[M].北京:中国纺织出版社,2009.

[10] 皇甫菊含,冯阿鹏,岑晓园.国际名模录[M].北京:中国纺织出版社,2016.

[11] 徐青青.服装表演·策划·训练[M].北京:中国纺织出版社,2006.

[12] [美]琳达·A.巴赫.完全模特手册[M].王菁,译.北京:中国轻工业出版社,2008.

[13] 包铭新,等.时装表演艺术[M].上海:东华大学出版社,2005.

[14] [美]埃弗雷特,等.服装表演导航[M].董清松,张玲,译.北京:中国纺织出版社,2003.

[15] [美]凯尔·罗底里克.模特手册[M].湘文,惠群,译.桂林:漓江出版社,1992.

[16] 隆荫培,徐尔充.艺术概论[M].上海:上海音乐出版社,2002.

[17] [英]普兰温·克斯格拉夫.时装生活史[M].龙靖遥,张莹,郑晓利,译.北京:中国出版集团东方出版中心,2006.

[18] 汪京.文化经纪人[M].北京:中国经济出版社,2006.

[19] 张舰.模特手册[M].北京:中国摄影出版社,2005.

[20] 张舰.T台幕后:时尚编导手记[M].北京:中国纺织出版社,2005.

[21] 郭佳成.成为超模:超级模特入门手册[M].北京:中国纺织出版社,2006.

[22] 冯泽民,刘海清.中西服装发展史[M].北京:中国纺织出版社,2008.

[23] 于平.风姿流韵——舞蹈文化与舞蹈审美[M].北京:中国人民大学出版社,1999.

[24] 周海宏.音乐与其表现的世界[M].北京:中央音乐学院出版社,2004.

[25] 胡正荣.传播学总论[M].北京:北京广播学院出版社,1997.

[26] 菲利普·科特勒.市场营销管理[M].洪瑞云,等,译.北京:中国人民大学出版社,1997.